普通高等教育"十三五"规划教材

稀土工艺矿物学

邱廷省　陈江安　主编

北京

冶金工业出版社

2019

内 容 提 要

本书系统地介绍了稀土地质学和地球化学的概况、我国稀土地质情况及稀土矿物学方面的研究成果进展。另外，在稀土工艺矿物学的研究方法里介绍了稀土矿物的常用测试方法及研究方法。在实例分析中，介绍了内蒙古稀土矿、中南部稀土矿、南方离子型稀土矿、国外稀土及伴生稀土矿的工艺矿物学研究。

本书可作为大学本科生和研究生的专业教材，也可供相关矿山企业工程技术人员阅读参考。

图书在版编目 (CIP) 数据

稀土工艺矿物学/邱廷省，陈江安主编 . —北京：冶金工业出版社，2019.4

普通高等教育"十三五"规划教材

ISBN 978-7-5024-8057-8

Ⅰ. ①稀… Ⅱ. ①邱… ②陈… Ⅲ. ①稀土矿物—高等学校—教材 Ⅳ. ①P578

中国版本图书馆 CIP 数据核字 (2019) 第 056721 号

出 版 人　谭学余
地　　址　北京市东城区嵩祝院北巷 39 号　邮编　100009　电话　(010)64027926
网　　址　www.cnmip.com.cn　电子信箱　yjcbs@cnmip.com.cn
责任编辑　张熙莹　美术编辑　彭子赫　版式设计　禹　蕊
责任校对　李　娜　责任印制　李玉山
ISBN 978-7-5024-8057-8
冶金工业出版社出版发行；各地新华书店经销；北京中恒海德彩色印刷有限公司印刷
2019 年 4 月第 1 版，2019 年 4 月第 1 次印刷
169mm×239mm；14 印张；272 千字；212 页
59.00 元

冶金工业出版社　投稿电话　(010)64027932　投稿信箱　tougao@cnmip.com.cn
冶金工业出版社营销中心　电话　(010)64044283　传真　(010)64027893
冶金工业出版社天猫旗舰店　yjgycbs.tmall.com
　　　　　　(本书如有印装质量问题，本社营销中心负责退换)

前　　言

　　稀土，是化学元素周期表中镧系元素和钪、钇共 17 种金属元素的总称。稀土的自然储量超过 1.5 亿吨，可开采储量超过 0.88 亿吨。自然界中有 250 种稀土矿，矿物种类繁多，其中以氧化物、硅酸盐、磷酸盐、碳酸盐和氟碳酸盐矿物中的稀土矿物为最多，作为复杂氧化物矿物的钽铌酸盐和钛钽铌酸盐类稀土矿物，在经济价值和工艺矿物学理论方面也具有特殊意义。

　　稀土已广泛应用于钢铁冶金、军事、石油化工、玻璃陶瓷、农业、医药卫生等各个领域，更是重要的新型工业材料和高科技工业材料，如永磁材料、荧光材料、激光材料，尤其是当代科学技术的热点——超导材料。

　　对于稀土工艺矿物学的研究中，分析测试方法促进了矿物化学和分析化学的发展。对稀土有效的分析方法有：X 射线荧光光谱分析法、矿物自动分析系统（MLA）分析法、原子吸收光谱分析法、质谱分析法、电感耦合等离子发射光谱分析法（ICP）、质谱同位素稀释分析法等。矿物微区分析主要采用 SEM 及 EDS 能谱分析，还有电子探针分析等方法。

　　在稀土分布上，我国分为南方重稀土及北方轻稀土两大块。北方稀土主要是白云鄂博氟碳铈矿，南方稀土主要以江西赣州的风化壳离子型稀土矿石为主，但是随着时间推移，在湖南、湖北、福建、四川等地出现了大量的稀土矿，稀土工艺矿物研究将不断对矿石进行研究，继续阐明我国稀土矿石的结构特征、矿物特性等。

　　本书系统地介绍了稀土地质学和地球化学的概况、我国稀土地质情况及稀土矿物学方面的研究成果进展、稀土矿物的常用测试方法及研究方法。并在实例分析中，介绍了内蒙古稀土矿、中南部稀土矿、南方离子型稀土矿、国外稀土及伴生稀土矿的工艺矿物学研究。本书可作为大学本科生和研究生的专业教材，也可供相关矿山企业工程技术人员阅读参考。

本书共分 10 章，邱廷省编写 1~4 章，陈江安编写 5~10 章，本书由邱廷省负责统稿修改。在本书的编写过程中，得到了江西理工大学地质工程、矿物加工工程等专业老师的鼎力相助，在此表示衷心的感谢！

由于编者水平所限，书中不足之处，敬请读者批评指正。

编　者
2019 年 1 月

目　　录

1 稀土地质学和地球化学概述

1.1 引　　言

　　稀土成矿是地球物质发展、演化的结果，要了解地球中稀土物质演化的详细过程，首先要了解类地行星中稀土地质演化的一般情况。

　　类似地球的行星称为类地行星，它们的发展、演化类似地球，研究它们有助于人们认识地球，研究它们中的稀土演化有助于人们认识地球中的稀土演化。

　　众所周知，陨石分为三大类，即石陨石、石铁陨石、铁陨石。稀土与石陨石关系密切。石陨石又分为两大类，即球粒陨石和无球粒陨石，每一稀土在球粒陨石中的丰度不足百万分之一，个别少者不足千万分之一。陨石中的含钙矿物，一般是作为稀土的赋有矿物。但作为稀土的独立矿物，在陨石中尚未发现。

　　月岩的研究晚于陨石，月岩的研究大大推进了当代矿物学、岩石学的发展，对于认识月球物质演化取得重要进展。水星、金星、火星的物质演化问题，虽然实物样品的获得较困难，但由于遥控探测技术的进步，也取得了一些成果。

　　研究陨石、月岩和地球岩石中的稀土及其含量变化，研究陨石、月岩和地球上各类地质体中的稀土矿物，将有助于人们认识稀土地质、矿物演化规律。

　　自然界中最活泼的金属是碱金属，其次是碱土金属，再其次便是稀土金属；了解碱金属和碱土金属在自然界的发生、发展和演化，对于了解稀土的发生、发展和演化也有重要的借鉴意义。火成岩岩石学中的碱性系列和钙碱性系列岩石分类，矿床学上的钠交代和钾交代成矿作用，都是了解地质体发展演化的重要方法。

　　陨石、月岩和地球岩石中的稀土，有的呈分散性杂质，有的在元素间以类质同象方式置换，有的则形成独立的稀土矿物，本书的范围则偏重于后两种形式之间的论述。

1.2　稀土在陨石中的含量和赋存状态

　　人们往往把陨石的物质组成比作地球的原始物质组成。关于陨石中的稀土，进行了大量分析，积累了许多资料，海尔曼取 22 个球粒陨石的 26 个样品分析和

9 个球粒陨石的 1 个混合样的平均值，中村升则取 10 个普通球粒陨石的平均值，后来埃文森等都提出了各自的数值，代表球粒陨石中稀土的平均含量，由于所分析球粒陨石的种类、数量、部位以及所采用分析方法的不同，而出现了平均值的差异，但他们的数据都是可信的。将这些数据列于表 1-1 中。

表 1-1　球粒陨石中的稀土丰度　　　　　　　　　　　　　　　　（%）

稀土元素	海尔曼（1970 年）	中村升（1974 年）	埃文森等（1978 年）
^{57}La	3.2×10^{-5}	3.29×10^{-5}	2.36×10^{-5}
^{58}Ce	9.4×10^{-5}	8.65×10^{-5}	6.16×10^{-5}
^{59}Pr	1.2×10^{-5}		0.929×10^{-5}
^{60}Nd	6.0×10^{-5}	9.30×10^{-5}	4.57×10^{-5}
^{62}Sm	2.0×10^{-5}	2.03×10^{-5}	1.49×10^{-5}
^{63}Eu	0.73×10^{-5}	0.77×10^{-5}	0.56×10^{-5}
^{64}Gd	3.1×10^{-5}	2.76×10^{-5}	1.97×10^{-5}
^{65}Tb	0.5×10^{-5}		0.355×10^{-5}
^{66}Dy	3.1×10^{-5}	3.43×10^{-5}	2.45×10^{-5}
^{67}Ho	0.73×10^{-5}		0.547×10^{-5}
^{68}Er	2.1×10^{-5}	2.25×10^{-5}	1.60×10^{-5}
^{69}Tm	0.33×10^{-5}		0.247×10^{-5}
^{70}Yb	1.9×10^{-5}	2.20×10^{-5}	1.59×10^{-5}
^{71}Lu	0.31×10^{-5}	0.339×10^{-5}	0.245×10^{-5}

　　稀土与石陨石关系密切。石陨石分为球粒陨石和无球粒陨石。稀土元素在球粒陨石中的含量见表 1-1。关于无球粒陨石，贫钙的顽辉石无球粒陨石含总稀土 5.6×10^{-6}，贫钙的紫苏辉石无球粒陨石中含总稀土为 $0.43 \times 10^{-6} \sim 2.6 \times 10^{-6}$，说明贫钙无球粒陨石中稀土含量甚微。而在富钙无球粒陨石中，稀土含量显著增加，在富钙的透辉石橄榄石无球粒陨石中，总稀土含量为 $18.3 \times 10^{-6} \sim 19.8 \times 10^{-6}$，在富钙的辉石斜长石无球粒陨石中，稀土总量为 $45.5 \times 10^{-6} \sim 79.2 \times 10^{-6}$。由此可以看出：在无球粒陨石中，稀土富集与钙含量的增长密切相关，也就是稀土与钙趋向相同。

　　下列陨石中的含钙矿物，可以作为稀土的赋存矿物：

硫化物　褐硫钙石 CaS

碳酸盐　方解石 $CaCO_3$，白云石 $CaMg(CO_3)_2$

磷酸盐　磷灰石 $Ca_5(PO_4)_3F$，白磷钙石 β-$Ca_3(PO_4)_2$，钠钙镁磷石 $Na_2CaMg(PO_4)_2$，磷镁钠石 $(Na, Ca, K)_2(Mg, Fe, Mn)_2(PO_4)_2$，磷镁钙石 $Ca_4(Mg, Fe, Mn)_2(PO_4)_6$

硅酸盐　透辉石 $CaMgSi_2O_6$，普通辉石 $(Ca, Na)(Mg, Fe, Al, Ti)(Si, Al)_2O_6$，碱锰闪石 $(Na, K, Ca)_3(Mg, Mn)_5Si_8O_{22}(OH)_2$，斜长石 $(Na, Ca)Al(Al, Si)Si_2O_8$

作为 H5 型球粒陨石的吉林陨石情况是这样的：中国科学院原子能研究所对吉林陨石进行的中子堆活化分析表明，每一稀土与球粒陨石中的平均值相近，有意义的是陨石的非磁性部分含稀土高，而磁性部分含稀土低，前者比后者约高出2.2倍。众所周知，磁性部分主要是铁镍，因此没有稀土的存在位置。非磁性部分为硅酸盐等造岩矿物，有稀土存的场所。此外，铕在吉林陨石中的含量没有异常，这也从另一方面表明了类地行星的原始物质组成的情况。

陨石中金的挥发性最强，其次是铂族元素，再次是钴和镍，稀土是陨石中最难挥发的金属。

1.3 稀土在月岩中的赋存状态

稀土在月岩中的含量一般是球粒陨石中的数十倍至百余倍，仅在个别月岩中达数百倍，有的月岩和月壤中具轻稀土逐渐增多的趋势。铕在多数月岩中是亏损的，仅在个别月岩中富集（如高地玄武岩，斜长岩）。

下列月岩矿物中可以赋存稀土：

硅酸盐矿物	斜长石 $(Na, Ca)Al(Al, Si)Si_2O_8$，含钙的各种辉石 ABS_2O_6，透辉石、钙铁辉石、普通辉石，三斜铁辉石 $(Fe, Mn, Ca)SiO_3$，静海石 $Fe_8^{2+}(Zr, Y)_2Ti_3Si_3O_{24}$
磷酸盐矿物	磷灰石 $Ca_5(PO_4)_3F$，白磷钙石 $\beta-Ca_3(PO_4)_2$
氧化物矿物	钙钛矿 $CaTiO_3$，钛锆钍矿 $(Ca, Th, Ce)Zr(Ti, Nb)_2O_7$

静海石结晶于月球玄武岩的晚期阶段，因而有稀土和锆的进入。钛锆钍矿在地球上也是稀有矿物，能够在月岩中产出，反映了月球物质演化的过程和阶段，具有重要指示意义。

1.4 地球上的稀土含量

稀土元素在原始地幔和超基性岩橄榄岩中含量甚微，在基性岩辉长岩和玄武岩中稍有富集，在地壳及地壳发育的酸性岩花岗岩中则较多富集，特别是碱性岩浆岩中更加富集（见表 1-2）。

表 1-2　稀土元素在各类地质体中的平均含量　　　　　　　（%）

稀土元素	地幔	橄榄岩	辉长岩	玄武岩	地壳	花岗岩
Y	$4.47×10^{-4}$	$5.9×10^{-4}$	$30.4×10^{-4}$	$29.1×10^{-4}$	$33.0×10^{-4}$	$34.0×10^{-4}$
La	$0.70×10^{-4}$	$6.7×10^{-4}$	$16.1×10^{-4}$	$15.8×10^{-4}$	$30.0×10^{-4}$	$60.0×10^{-4}$
Ce	$1.80×10^{-4}$	$12.7×10^{-4}$	$31.9×10^{-4}$	$31.9×10^{-4}$	$60.0×10^{-4}$	$100.0×10^{-4}$
Pr	$0.27×10^{-4}$	$1.1×10^{-4}$	$5.1×10^{-4}$	$4.8×10^{-4}$	$8.2×10^{-4}$	$12.0×10^{-4}$

续表 1-2

稀土元素	地幔	橄榄岩	辉长岩	玄武岩	地壳	花岗岩
Nd	1.34×10^{-4}	4.0×10^{-4}	17.7×10^{-4}	19.7×10^{-4}	28.0×10^{-4}	46.0×10^{-4}
Sm	0.44×10^{-4}	0.9×10^{-4}	3.7×10^{-4}	4.2×10^{-4}	6.0×10^{-4}	9.0×10^{-4}
Eu	0.17×10^{-4}	0.3×10^{-4}	1.3×10^{-4}	1.4×10^{-4}	1.2×10^{-4}	1.5×10^{-4}
Cd	0.58×10^{-4}	0.9×10^{-4}	4.0×10^{-4}	5.2×10^{-4}	5.4×10^{-4}	9.0×10^{-4}
Tb	0.11×10^{-4}	0.2×10^{-4}	0.8×10^{-4}	0.8×10^{-4}	0.9×10^{-4}	2.5×10^{-4}
Dy	0.72×10^{-4}	1.1×10^{-4}	4.1×10^{-4}	4.7×10^{-4}	3.0×10^{-4}	6.7×10^{-4}
Ho	0.16×10^{-4}	0.2×10^{-4}	1.1×10^{-4}	1.0×10^{-4}	1.2×10^{-4}	2.0×10^{-4}
Er	0.47×10^{-4}	0.5×10^{-4}	2.2×10^{-4}	2.9×10^{-4}	2.8×10^{-4}	4.0×10^{-4}
Tm	0.70×10^{-4}	0.07×10^{-4}	0.6×10^{-4}	0.5×10^{-4}	0.48×10^{-4}	0.3×10^{-4}
Yb	0.48×10^{-4}	0.5×10^{-4}	1.8×10^{-4}	2.7×10^{-4}	0.3×10^{-4}	4.0×10^{-4}
Lu	0.07×10^{-4}	0.6×10^{-4}	0.3×10^{-4}	0.4×10^{-4}	0.5×10^{-4}	1.0×10^{-4}
Sc		15.0×10^{-4}		30.0×10^{-4}	22.0×10^{-4}	14.0×10^{-4}

地壳中稀土含量约为地壳质量的 0.01%~0.02%，其中，镧、铈、钕、钇在火成岩和地壳上部的丰度，比钨、钼、钴、铅都多。花岗岩质岩浆岩中，原子序数小于铕的稀土，越趋向富集，而在玄武岩中，则无此趋向。页岩中，轻稀土富集。整个地壳中，原子序数小的稀土，趋向富集（表 1-3）。

表 1-3　稀土的陨石丰度和地壳丰度比较

稀土元素	球粒陨石平均值[①]/%	吉林陨石[②]/%	地壳克拉克值[③]/%	增长倍数（克拉克值/陨石）
[57]La	0.32×10^{-4}	0.46×10^{-4}	3×10^{-3}	106
[58]Ce	0.94×10^{-4}	1.41×10^{-4}	6×10^{-3}	156
[59]Pr	0.12×10^{-4}		8.2×10^{-4}	146
[60]Nd	0.60×10^{-4}	0.65×10^{-4}	2.8×10^{-3}	214
[62]Sm	0.20×10^{-4}	0.32×10^{-4}	6×10^{-4}	333
[63]Eu	0.073×10^{-4}	0.10×10^{-4}	1.2×10^{-4}	608
[64]Gd	0.31×10^{-4}		5.4×10^{-4}	574
[65]Tb	0.05×10^{-4}	0.10×10^{-4}	9×10^{-5}	555
[66]Dy	0.31×10^{-4}	0.40×10^{-4}	3×10^{-4}	1033
[67]Ho	0.073×10^{-4}		1.2×10^{-4}	608
[68]Er	0.21×10^{-4}		2.8×10^{-4}	750
[69]Tm	0.033×10^{-4}		5×10^{-5}	660

续表 1-3

稀土元素	球粒陨石平均值[①]/%	吉林陨石[②]/%	地壳克拉克值[③]/%	增长倍数（克拉克值/陨石）
[70]Yb	$0.19×10^{-4}$	$0.32×10^{-4}$	$3×10^{-5}$	6333
[71]Lu	$0.031×10^{-4}$	$0.04×10^{-4}$	$5×10^{-5}$	620
[39]Y	$1.96×10^{-4}$		$3.3×10^{-3}$	593

①据 A. C. Hermann，1970；②据中国科学院原子能研究所，1979；③据 Taylor，1964。

地幔物质中便没有这种情况，库拉塔等研究了奥地利碧玄岩中超镁铁包体内辉石的稀土分配后表明，无论是斜方辉石中，还是单斜辉石中，稀土分异均不明显。

稀土在地质体中，一经存在便很少受地质作用所左右，因此人们往往把稀土作为示踪元素对待。

在几次大的地质事件中，除铱异常外，表现出稀土的异常，如二叠纪与三叠纪间的地层中，白垩纪与第三纪间的地层中，都发现有稀土异常。

1.5 关于稀土铕的情况

Eu^{2+} 与 Ca^{2+} 价态相等，原子半径相近，这为铕在造岩矿物中的存在提供了条件。铕在造岩矿物中呈类质同象置换关系，而不是分散存在，斜长石中铕的存在说明了这点。

下列钙的造岩矿物中，都可能含铕，如斜长石、钙辉石、钙角闪石、方解石、白云石、磷灰石等矿物。

铕的亏损和富集，用来讨论类地行星物质的发展演化。在无球粒陨石中，有的有铕亏损，有的无亏损。在月岩中，有铕的亏损。我国东部许多火山岩中，有铕的亏损；白云鄂博地区的花岗岩和变质岩中，有铕的亏损。二价铕和三价铕的变化，从化学热力学的角度做了说明和计算，因而把铕作为地质热力学的指示剂，矿物中铕的含量作为矿物形成时氧逸度的函数，如斜长石中的铕就是这样。

1.6 地球上的稀土矿物和稀土在矿物中的形式

自然界中，稀土矿物和含稀土的矿物有数百种之多，含 RE_2O_3 0.1% 以上的矿物有二三百种，一般造岩矿物中均含有稀土元素。稀土的主要矿物类别是氟化物、氧化物和氢氧化物、碳酸盐、磷酸盐、硅酸盐，个别呈硫酸盐或硼酸盐矿物出现。

稀土以离子化合物的形式出现于自然界的矿物中，稀土的出现受离子半径大小、价态和配位数等晶体化学法则的制约。

（1）下列矿物的晶格中，稀土可以与之置换：

1）与稀土离子半径大小相近者，如 Ca^{2+}、Na^+、Tb^{4+}、U^{4+}；

2）大于稀土离子半径者，如 Sr^{2+}、Ba^{2+}、Pb^{2+}、K^+；

3）小于稀土离子半径者，如 Zr^{4+}、Mn^{2+}、Fe^{2+}、Mg^{2+}、Li^+、U^{6+}、Bi^{5+}、Pb^{4+}、Ti^{4+}、Nb^{5+}、Ta^{5+}、Fe^{3+}、Mn^{3+}、Sn^{4+}、W^{6+}、Mo^{6+}、Sb^{5+}。

（2）根据经验，下列一些矿物中往往含稀土，即钛、铌、钽、锆、锡、锰、镁、铁的矿物中往往含稀土。

（3）层状硅酸盐矿物的层间是否会含有稀土，有待研究。

1.7　地球上岩石中的稀土与稀土矿化

稀土在火成岩和沉积岩中较之在普通球粒陨石中有较大增长，特别是镧、铈、镨、钕、钐，表现为稀土越轻越富集的趋势。吴利仁等人、王守信等人研究分析了中国东部的火山岩，王贤觉等人分析了东海沉积物，都是这一趋势。在碱性岩和碳酸盐岩中，较之在花岗岩中，镧更趋向富集。海洋玄武岩中则是另外一番情况，与球粒陨石趋势相似，仅多 10 倍含量，而镧和铈反而低，反映地幔的情况。

关于稀有元素和稀土元素矿物的演化问题，郭承基和王中刚做了探讨，认为大陆型地壳到白垩纪时代稀土矿物增多。稀土元素和稀土矿物的地质演化是十分有意义的问题。关于稀土矿床，从世界范围看，目前除独居石、磷钇矿砂矿外，蒙顿巴斯以氟碳铈矿为主，成矿与碱性岩浆热液有关。科拉半岛稀土矿床直接产于碱性岩体中。奥林匹克铜铀稀土矿与岩浆及岩浆期后热液关系密切。从现有资料看，各种地质作用过程中，都可能有稀土元素和稀土矿物的富集。

花岗岩中的磷钇矿、独居石、褐钇铌矿、褐帘石都是岩浆期稀土富集的形式，而碱性岩中大量稀土矿物的出现表明碱性岩浆作用与稀土富集的依赖关系，偏碱性花岗岩的内外接触带的硅钛铈矿和铈硅磷灰石等都显示出这种关系。

花岗伟晶岩中和碱性岩的伟晶岩中的稀土矿物种类繁多，稀土大量富集。

变质岩中和变质作用下稀土的富集，可用变质岩中的铁稀土矿床为例，以及变质岩中的独居石矿床，都反映了稀土在变质作用下的活动情况。

火山岩中褐帘石的富集，以及钇易解石等稀土矿物的富集，表明稀土在火山作用条件下的富集形式。

高温热液钨锡矿与稀土共生，热液交代铁稀土矿，铅锌矿氧化带中有氟碳钙钇矿，碱性岩浆期后热液碳酸盐稀土脉和重晶石稀土脉，都是热液作用下稀土富集的实例。

一般把稀土元素作为成岩作用的指示剂，同理，稀土矿物也将用来作为成矿成岩作用的指示剂。稀土矿物的形成与岩浆活动及岩浆期后热液活动密切相关。以白云鄂博地区和赣南一带为例：

（1）白云鄂博一带的岩浆岩分布大致为：加里东期花岗岩（γ_3）分布于大青山和阴山一带，海西期的花岗岩（γ_4）则广泛分布于大青山、阴山及其以北的广大地区，燕山期的花岗岩（γ_5）则只分布于大青山一带。在白云鄂博附近有过强烈的岩浆活动。

（2）从赣南一带的岩浆岩分布中可以看出，加里东期花岗岩（γ_3）分布在赣州东北和西北，赣州以南仅零星分布。赣南地区未见海西期花岗岩（γ_4），燕山期花岗岩（γ_5）则在赣南广泛分布，因此赣南最强烈的一次岩浆活动是燕山期。

岩浆活动空间和时间的不同，是后来稀土演化成矿的先导。当然，后来的发展还受控于许多其他地质条件。白云鄂博地区早元古代的变质岩和花岗岩中富含轻稀土，且镧、镨富集，白云鄂博海西期花岗岩中，也富集轻稀土，镧和镨较之铈和钕就富集倍数较多。白云鄂博矿床中的稀土矿物继承并发展了这一区域地球化学趋向。在白云鄂博矿床富铈的稀土矿物中，镧增长的倍数最多；富钕的矿物中，镨增长的倍数最多，表现了稀土富集的趋势。白云鄂博矿床中的主要稀土物为氟碳铈矿和独居石，它们的稀土配分情况列于表1-4中，与球粒陨石对比后可见，矿物中的轻稀土富集异常，越轻越富集。

表1-4 白云鄂博氟碳铈矿和独居石中稀土含量和增长情况

稀土元素	氟碳铈矿		独居石	
	RE[①]/%	超出球粒陨石本底倍数[②]	RE[①]/%	超出球粒陨石本底倍数[②]
[57]La	15.95	498437	16.07	502187
[58]Ce	30.77	323740	30.42	323617
[59]Pr	3.34	278333	2.97	247500
[60]Nd	9.51	158500	8.73	145500
[62]Sm	0.63	31500	0.60	30000
[63]Eu	0.16	21917	0.13	17808
[64]Gd	0.35	11290	0.31	10000
[65]Tb	0.02	4000	0.01	2000
[66]Dy	0.10	3225	0.10	3225
[67]Ho	0.01	1369		

稀土元素	氟碳铈矿		独居石	
	RE[①]/%	超出球粒陨石本底倍数[②]	RE[①]/%	超出球粒陨石本底倍数[②]
^{70}Yb	0.04	2105	0.03	1578
^{71}Lu			0.01	3225
^{39}Y	0.13	663	0.11	561
RE$_2$O$_3$	71.09		69.67	

①22 个矿物分析平均值；②球粒陨石本底值据 Hermann（1970 年）。

1.8　小　　结

（1）随着类地行星物质的发展演化，稀土越轻越趋向富集，其中轻稀土富集尤烈，而以镧、镨为甚，因此^{57}La、^{59}Pr、^{63}Eu 含量的多少，可视作稀土发展演化的尺度。

（2）铕的价态和含量是讨论稀土演化的重要指标。

（3）类地行星中的稀土演化，受两大自然规律所支配：其一为地球化学规律，即地质条件和地质环境；其二为矿物的晶体化学规律，即原子（离子）半径大小、键性和配位数等。

（4）稀土同位素是讨论行星演化的重要尺度，有广阔的发展前途，钐钕年龄则认为是最可靠的数据，其余稀土同位素 50 余种，也将逐渐展示它们的重要意义。

复习思考题

1-1　稀土与石陨石存在着哪些关系？

1-2　稀土在月岩中的赋存状态如何？

1-3　地球上的稀土主要存在于哪些矿石中？

2 中国稀土地质概况

稀土成矿起源于地球的物质分异，而地球的物质分异又与地壳构造运动和岩浆活动相伴。在我国稀土矿床和稀土矿化地区在地质空间和地质时间的分布方面各有规律。空间上既分布于稳定地区（地台和准地台），又分布于活动地区（地槽和褶皱系）。在地质时代方面，各造山运动和岩浆活动期都能够成矿，尤以加里东期、海西期和燕山期矿化规模大，面积广。目前所知，全国大小稀土矿床和稀土矿化地区就达数百处。本章从地质学的角度讨论中国稀土的成矿特征。

2.1 中国稀土的地质空间分布特征

中国稀土矿床和稀土矿化地区在大地构造上的空间分布规律是既分布于稳定的地质构造单元之中（地台或准地台），又分布于活动的地质构造单元之内（褶皱系）。根据黄汲清对中国大地构造单元的划分，属于地台区的有塔里木地台，例如新疆的某些稀土矿床；属于准地台区的有中朝准地台和扬子准地台，例如华北和华南的许多稀土矿床；属于褶皱系的有吉林黑龙江褶皱系、内蒙古大兴安岭褶皱系、华南褶皱系、东南沿海褶皱系、台湾褶皱系、松潘甘孜褶皱系、三江褶皱系、秦岭褶皱系、南山褶皱系、天山褶皱系、阿尔泰褶皱系、拉萨褶皱系等。

地台是地壳的稳定地区，但有地台活化的发生，故有岩浆和成矿溶液的活动，为稀土的转移富集提供了条件。褶皱系是地壳的活动地区，岩浆和矿液的活动，适宜的地质环境，促成了稀土的富集成矿。

2.2 中国稀土的地质时间分布特征

中国稀土成矿作用与大陆地壳运动的关系非常密切。

太古宙和元古宙，中国大陆地壳发生了多次剧烈构造运动和岩浆活动，使地壳物质产生强烈分异，也为稀土分异富集和矿化作用提供了重要的依据和条件，如迁西—桑于运动、阜平—鞍山运动、泰山运动、五台运动、吕梁运动、晋宁运动、澄江运动、蓟县运动等。

从在外生作用下稀土地质情况来看，元古宙是稀土富集期，如东北的辽河群、北方的滹沱群（即白云鄂博群）、东南沿海的建瓯群、华中的板溪群、川北的火地垭群以及西南的昆阳群等地层中，都富集有稀土矿床。

古生代和中生代的造山运动和岩浆活动多次频繁发生，波及全国的巨大构造运动有早古生代的加里东期、晚古生代的海西期、早中生代的印支期、中晚中生代的燕山期以及新生代的喜马拉雅期。每期构造运动中又有多次造山幕和多次岩浆活动，如加里东期岩浆活动形成了中国南方和北方的某些稀土矿床和稀土矿化地区；加里东期和后来的海西期岩浆活动，形成了巨大的白云鄂博稀土稀有金属矿床；海西期岩浆活动也形成了攀西裂谷中的碱性岩体及大量稀土矿化。

岩浆活动形成了辽宁赛马碱性岩体，位于辽东台背斜中，岩浆侵入于元古宇和下古生界的白云质大理岩、千枚岩、石英岩和灰岩中，绝对年龄为220~240Ma。

西南地区，绝对年龄为180~230Ma期间的印支运动具备稀土矿化的条件。

燕山期的岩浆活动波及全国，产生了许多稀土矿床和稀土矿化，华北、华南均有许多矿床实例。特别是燕山期花岗岩岩浆活动与南方许多金属矿床关系密切，例如江西西华山复式花岗岩岩体，形成了钨、锡、钼、铋、砷、铍、铌、钽。稀土的矿化，绝对年龄为184~140Ma，均有与岩浆活动有关的稀土矿化。

新生代的造山运动、岩浆活动与稀土成矿的关系，目前还不清楚，有待进一步研究（见表2-1）。

表2-1　中国大陆地壳运动及稀土成矿期示意表

稀土成矿期	稀土矿化类型	稀土分布地区	稀土矿化地质年代（绝对年龄）/Ma	注解
早前寒武纪（太古宙）	伟晶岩型，变质岩型	中朝准地台中（如太行山地区，大别山地区）	2200	
晚前寒武纪（元古宙）	变质岩型，伟晶岩型	中朝准地台的北缘（如内蒙古，东北南部）以及扬子准地台的西缘	>700	
晚震旦纪至早寒武世	沉积磷块岩型	贵州中部	>500	
加里东期	花岗岩型，伟晶岩型，火成碳酸岩型，热液交代型	西北、华北、三江褶皱系（滇西）和华南褶皱系中的某些稀土矿床	350~400	岩浆活动幕次多，稀土矿化广泛
海西期	花岗岩型，伟晶岩型，火成碳酸岩型，热液型，矽卡岩型	西北、东北、华南、华北北部及秦岭等广大地区	230~400	

稀土成矿期	稀土矿化类型	稀土分布地区	稀土矿化地质年代（绝对年龄）/Ma	注解
印支期	花岗岩型，伟晶岩型，碱性岩型	扬子准地台西部、松潘-甘孜褶皱系中及其他地区	约 200	岩浆活动幕次多，稀土矿化广泛
燕山期	花岗岩型，碱性岩型，矽卡岩型	华北、东北、华南、西南等地的广大地区	90~180	
喜马拉雅期	（霓石碱性花岗岩）	西南地区（攀西裂谷）	<67(27~40)	

2.3 中国稀土矿床成因分类

根据稀土矿床的成因特征，将中国稀土矿床和稀土矿化地区划分为十大成因类型，每一类型中都有具工业意义的典型矿床代表。

2.3.1 花岗岩、碱性花岗岩、花岗闪长岩及钠长石化花岗岩型稀土矿床

矿床中稀土的来源与酸性、中酸性或偏碱性花岗岩岩浆活动有关，岩浆源多为浅源，也可能为深源，稀土以副矿物形式存在。复式岩体、大岩体边缘和小型岩株，对稀土矿化有利，岩浆后期或岩浆期后的热液活动，对稀土富集成矿起着促进作用。这类矿床多分布于华南褶皱系之中。这类矿床有：

（1）江西西华山荡坪复式花岗岩体，含硅铍钇矿、黑稀金矿、褐钇铌矿、磷钇矿、独居石、氟碳钙钇矿等稀土矿物（见图 2-1）。江西某地花岗闪长岩体

图 2-1 西华山花岗岩岩株示意地质图

（岩株为燕山期五次侵入）

经钠长石化后，含褐钇铌矿族和易解石族等多种稀土矿物。江西某地钠长石化花岗岩体中含黄钇钽矿等稀土矿物。江西某地加里东晚期钾长石化花岗岩体含独居石等稀土矿物。

（2）湖北某地燕山期黑云母花岗岩体，含独居石等稀土矿物。

（3）湖南某地黑云母花岗岩体，含磷钇矿等稀土矿物。

（4）广西姑婆山燕山期黑云母花岗岩体，含褐钇铌矿族等稀土矿物（见图2-2）。

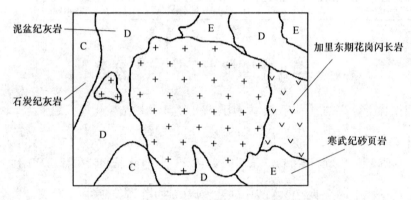

图2-2　姑婆山花岗岩体示意地质图

（岩体有四次侵入）

（5）广东某地燕山早期中粗粒黑云母花岗岩体，有钾长石化，含独居石、磷钇矿等稀土矿物。广东某地燕山期花岗岩体，含氟碳铈矿等稀土矿物，在氟碳铈矿中含钇较富。

（6）河南某地花岗岩体及其中的石英脉，含褐钇铌矿、钇硅磷灰石等稀土矿物。

（7）内蒙古某地碱性花岗岩体，经钠长石化，含硅铍钇矿等许多稀土矿物。

（8）新疆某地花岗岩体，含褐钇铌矿等稀土矿物。

2.3.2　碱性岩型稀土矿床

正长岩、霞石正长岩、霓霞岩、磷霞岩等碱性岩中富含稀土，且稀土矿物种类繁多。碱性岩是产生稀土矿物和稀土矿化的良好场所，有许多很稀有的稀土矿物，只在碱性岩中产出。碱性岩中除蕴藏稀土矿床外，还有铀、钍、锆、铌、钾、磷等矿床孕育其中。中国碱性岩型稀土矿床主要有：

（1）辽宁赛马碱性岩体，为霞石正长岩和霓霞正长岩，含层硅铈钛矿等多种硅酸盐稀土矿物和多种氧化物稀土矿物。

（2）山西紫金山碱性岩体，位于山西台背斜的吕梁隆起区，燕山期岩浆侵入于三叠纪砂岩中，绝对年龄为 134.8Ma。稀土部分呈稀土矿物，部分赋存于楣石和磷灰石中。

（3）四川多处碱性岩体中含稀土矿物。四川某地海西晚期形成的碱性岩体。某地的石英闪长斑岩岩体，含钇易解石、褐钇铌矿、铌钇矿、独居石等稀土矿物。某地的超基性–碱性杂岩体，如霞辉岩、霓霞岩、磷霞岩、霞石正长岩等。某地的猫猫沟霞石正长岩体等。

2.3.3　火成碳酸岩型稀土矿床

火成碳酸岩的生成与碱性岩密切有关，关于它们之间的成因关系，也有理解为前者是后者分异的产物。火成碳酸岩体往往就是稀土矿体，因为其中的稀土矿物富集，如美国加州蒙顿巴斯的稀土矿体就是这样。我国的火成碳酸岩体分布于稳定的地台区，有多处稀土矿床。白云鄂博的火成碳酸岩墙，有的就是稀土矿体，此外还有：

（1）湖北庙垭的火成碳酸岩型稀土矿床，除稀土外还含有大量铌矿物，分布于下元古界板溪群中。

（2）新疆有多处火成碳酸盐体。一处为成因与碱性岩有关的浅成侵入碳酸岩体，含烧绿石等稀土矿物，还含大量锆石。此外，还有两处为碱性岩火成碳酸岩体。

（3）四川李家河有碱性岩火成碳酸岩体。

（4）山东微山稀土矿为火成碳酸岩的分异产物。

2.3.4　矽卡岩型稀土矿床

矽卡岩型稀土矿床规模一般不大，矿体附近有火成岩体的侵入，并有矽卡岩矿物生成，透辉石、石榴子石、硅镁石等是矽卡岩的典型矿物，有镁质矽卡岩和钙质矽卡岩之分，并有内外接触带之别。这类矿床有：

（1）内蒙古白云鄂博矿区东部海西期花岗岩与元古宙白云岩的内外接触带矽卡岩型铌稀土矿床。

（2）内蒙古某地的矽卡岩型稀土矿床，含硅钛铈矿等稀土矿物。另一地区花岗岩与辉长岩接触的内接触带中，含富钕和镝的钇易解石、独居石、氟碳铈矿等稀土矿物。

（3）辽宁某地的矽卡岩型稀土矿床含烧绿石、金云母等稀土矿物。

2.3.5　伟晶岩型稀土矿床

伟晶岩型稀土矿床稀土储量不大，但矿床中往往含多种稀有矿物和稀有金属矿物，有利于进行综合开发利用。伟晶岩是宝石矿物和某些稀有矿物的重要产生岩石，其分布与地质条件特别是地质构造关系密切。我国的伟晶岩型稀土矿床主要有：

（1）内蒙古某地一带稀土稀有金属的伟晶岩矿床，另一地带伟晶岩型稀土磷灰石矿床；

（2）四川三处伟晶岩型稀土矿床，一处为花岗伟晶岩型，一处为碱性伟晶岩型，它含氟碳铈矿、萤石、钠闪石、钠长石等矿物，另一处为辉长岩体中的钠长石化伟晶岩脉，含稀土稀有金属矿物；

（3）云南某地伟晶岩型稀土矿床，为二云母钾长石稀土伟晶岩；

（4）河北某地太古宙伟晶岩，含硼硅钇钙石等稀土矿物；

（5）新疆阿尔泰地区伟晶岩型稀土矿床。

2.3.6　变质岩型及沉积变质碳酸岩型稀土矿床

变质岩型及沉积变质碳酸岩型稀土矿床为变质作用下稀土的富集，其中分布广泛的矿物为独居石，在我国的太古宙特别是元古宙岩石发育的地区都有这种稀土矿床的出现，产地甚多，其中较大者有：

（1）湖北某地太古宇大别山群片麻岩中的稀土矿床，矿石中含硅铍钇矿、褐帘石、独居石、磷钇矿等稀土矿物；

（2）吉林某地的稀土锰铁建造的变质岩型稀土矿床，赋存于元古宇中部辽河群中，下部为鞍山群，上部为震旦系；

（3）辽宁两处变质岩型稀土矿床，一处为稀土硼铁建造，另一处为辽河群变质岩中的独居石矿床；

（4）云南某地的铌稀土矿床，赋存于下元古界昆阳群片麻岩中，多含碳酸岩层稀土矿物；

（5）福建某地前震旦纪建瓯群中，以石英云母片岩为主，其碳酸岩层中含稀土矿物；

（6）四川某地下元古界火地垭群碳酸岩层中含稀土矿物；

（7）河南某地变质铁矿中含稀土矿物；

（8）甘肃某地黑云母片岩中，含独居石等稀土矿物，还含大量铌矿物。

2.3.7　热液交代和热液脉型稀土矿床

热液交代和热液脉型稀土矿床往往能形成大的稀土富集，矿石中的稀土矿物种类较多，尤以碳酸盐类和氧化物类稀土矿物种类最丰富。这类矿床有：

（1）内蒙古白云鄂博下元古界白云鄂博群中的热液交代型的铁铌稀土大型矿床；

（2）山东某地前震旦系片麻岩中碱性岩的热液脉型稀土矿床，重晶石碳酸盐脉中多氟碳铈矿、氟碳钙铈矿、碳锶铈矿等稀土矿物；

（3）甘肃某地的铌稀土矿床，赋存于前震旦纪变质岩中（大理岩）的铌稀土碳酸盐脉，含多种铌和稀土矿物；

（4）四川某地稀土碳酸盐脉状矿床，规模不大；

（5）青海某地铅锌矿中多稀土矿物脉；

（6）辽宁某地的稀土矿，可能为热液交代型，含独居石、重晶石等矿物。

2.3.8　沉积岩型稀土矿床

沉积岩型稀土矿床赋存于沉积磷矿之中，目前已作为开采磷矿综合利用的目标。一般磷灰石矿物中，含稀土可达千分之几。磷灰石结晶格架中，钙原子有两种位置，钙氧原子间距离较大，有利于稀土半径较大离子的进入，故磷灰石中富集轻稀土较多，即 $(Ca, Ce, Sr, Na, K)_3 Ca_2 (PO_4)_3 (F, OH)$。轻稀土与胶磷矿中的钙置换较易，这是沉积磷矿石中含稀土的主要原因。

该类型稀土产地主要有贵州、内蒙古等地，如：

（1）贵州某地沉积磷块岩，寒武纪沉积，不整合于震旦系之上，磷矿石中的稀土主要集中于胶磷矿中，褐铁矿中含稀土甚少。胶磷矿中含轻稀土较高，重稀土较低；

（2）内蒙古某地一带的磷矿中也含稀土。

2.3.9　稀土砂矿

稀土砂矿是砂矿利用的一部分，其中稀土矿物往往与钛、锆等砂矿矿物共存，因此稀土砂矿也可看作钛、锆等稀有金属的砂矿。在稀土砂矿中，抗风化的重砂矿物是独居石 $CePO_4$ 和磷钇矿 YPO_4；半耐风化的矿物有褐帘石 $(Ce, Ca, Y)_2 (Al, Fe^{2+}, Fe^{3+})_3 (SiO_4)_3 (OH)$、褐钇铌矿 $YNbO_4$、易解石 $(Ce, Y, Ca, Fe, Th)(Ti, Nb)_2 (O, OH)_6$、氟碳铈矿 $CeCO_3 F$、钛铀矿 $(U, Ca, Ce)(Ti, Fe)_2 O_6$、黑稀金矿 $Y(Nb, Ti)_2 O_6$、硅铍钇矿 $Be_2 FeY_2 Si_2 O_{10}$、铌钇矿 $(Y, Ce, U, Fe^{3+})_3 (Nb, Ta, Ti)_5 O_{16}$、钛锆钍矿 $(Ca, Th, Ce) Zr(Ti, Nb)_2 O_7$ 等矿物。

根据形成的地质条件，又可分为3个亚类：

（1）海滨砂矿，有广东某地稀土砂矿、台湾西海岸海滨砂矿、福建某地独居石古砂矿、海南岛某地海滨砂矿（含独居石、锆石、钛铁矿等矿物）、广东某地独居石和磷钇矿砂矿。

（2）冲积砂矿，有湖南某地独居石砂矿、广西某地磷钇矿砂矿、云南某地冲积砂矿。

（3）残积坡积砂矿，有湖北某地燕山期花岗岩风化砂矿、广西某地花岗岩风化的褐钇铌矿砂矿、四川某地碱性岩的风化层。

2.3.10　花岗岩风化壳型稀土矿床

花岗岩风化壳型稀土矿床广泛分布于华南，以南岭地区前景最大，那里的花岗岩类岩石中普遍含稀土较高，风化后形成稀土矿床。数十万平方千米的范围内，随处可能有稀土的富集。大地构造单元的位置主要是在华南褶皱系中和东南沿海褶皱系中，火成岩的侵入时代主要为燕山期，其次属印支期，部分为海西期或加里东期。

2.4　小　　结

中国稀土矿床成因类型丰富多彩，在各种地质作用下，不同的地质环境中，以及复合的叠加的地质作用过程中，都形成有代表性的稀土矿床和稀土矿化。

中国大陆地壳活动频繁，地壳物质多次分异，这是中国稀土富集的首要地质条件，稀土元素的电子多少都发生在 $4f$ 壳层中，故 15 个稀土元素具有很大的共性，但每一个稀土元素成员又各有特点，各具特性。在所赋存的矿床中，有的富铈族稀土，有的富钇族稀土，有的矿床中富铈，有的贫铈，有的富镧，有的富铈，有的富钕，有的富钇，每一稀土矿床各有自己的稀土特征。这些特征反映了地质作用过程和稀土本身性质的综合结果，是稀土元素地球化学和稀土矿物晶体化学的复合记录。

复习思考题

2-1　中国稀土的地质空间分布有哪些特征？

2-2　中国稀土的地质时间分布有哪些特征？

2-3　中国稀土矿床按照成因分类分成哪些类别？

3 稀土矿物学概论

3.1 稀土元素在矿物中的赋存状态

自然界稀土多以离子化合物形式赋存于矿物晶格中，呈配位多面体形式，其氧离子配位数一般为 7~12。稀土离子是亲氧性较强的过渡型离子，故稀土矿物以各种含氧酸盐的形式出现。

稀土在矿物晶格中多呈三价状态出现，也可以有二价态的铕和镱，四价态的铈和铽，测定矿物晶格中的稀土价态是一项十分有意义的工作，它将为成矿条件提供依据。

本书从矿物中稀土与其他元素的关系和稀土在矿物中的分配特征方面讨论，首先讨论的是稀土在矿物中与其他元素的置换规律：化学元素周期表中的对角线法则，是矿物晶体中稀土与其他元素置换的重要法则，即离子性质、半径大小和价态都起重要制约作用。

稀土与钙的置换，普遍发生于含钙矿物中，在萤石中可到百分之几，在铈硅磷灰石或磷硅钙铈矿（Ca，Ce）$_5$（SiO$_4$，PO$_4$）$_3$（OH，F）中，含 RE$_2$O$_3$ 可达 48%，在硅钛铈矿（Ce，Ca，Th）$_4$（Fe，Mg）$_2$（Ti，Fe）$_3$Si$_4$O$_{22}$中，含 RE$_2$O$_3$ 可达 46%，说明在这类矿物中，稀土可大量置换钙。在赛马矿中，稀土可大量置换锶，含 RE$_2$O$_3$ 可达 16%。稀土与钡只能作有限置换，如在碳酸盐矿物的碳铈钠矿（Sr，RE，Ba）（Ca，Na）（CO$_3$）$_2$ 之中，稀土可少量置换钡或锶，含 RE$_2$O$_3$ 可到 2.6%。至于氟碳酸盐稀土矿物中，稀土与钙锶钡不能互代，只能各就各位。稀土矿物中往往含钍，是异价类质同象的原因所致。

在碱土磷酸盐和稀土硅酸盐矿物中，可以出现钙和磷与稀土和硅的完全互代。其间晶体化学关系，明显可见。如：RE^{3+}Si^{4+}=Ca^{2+}P^{5+}。

羟硅铈矿　羟磷锶矿　RE$_2$Al（SiO$_4$）$_2$（OH）-（Sr，Ca）$_2$Al（PO$_4$）$_2$（OH）

铈磷灰石　羟磷灰石　RE$_3$Ca$_2$（SiO$_4$）$_2$（OH）-Ca$_5$（PO$_4$）$_3$（OH）

硅铈石　白磷钙石　Ce$_9$Pe^{3+}（SiO$_4$）$_6$[（SiO$_3$）（OH）]（OH）$_3$-Ca$_9$（Mg，Fe^{2+}）（PO$_4$）$_6$[（PO$_3$）（OH）]

在矿物晶体中，稀土离子主要与 Ca^{2+}、Na$^+$、Th^{4+} 等类质同象置换，根据宫协律郎和中井泉，置换方式有 4 类 13 种。

第一类是伴有空位的置换，有两种方式：

（1）$3Ca^{2+} = 2RE^{3+} + \square$，发生在硼硅钇钙石和谢苗诺夫石中。

（2）$RE^{3+} + \square = Ca^{2+} + Na^+$，发生在加加林矿中。

第二类是在稀土位内的双置换，也有 2 种方式：（1）$2RE^{3+} = Ca^{2+} + Th^{4+}$；
（2）$2Ca^{2+} = RE^{3+} + Na^+$。这两种方式发生在易解石、碳铈钡石和磷灰石中。

第三类是在两个不同位上的双置换，共有 8 种方式：

（1）$RE^{3+} + Na^+ = Ca^{2+} + Ca^{2+}$，这种置换发生在（RE，Sr）位和（Na，Ca）位上，如在碳铈钠矿中。

（2）$RE^{3+} + Si^{4+} = Ca^{2+} + (P，As)^{5+}$，如在铈硅磷灰石中和硼硅铈矿中。双置换之一发生在四面体中。

（3）$RE^{3+} + Al^{3+} = Ca^{2+} + Si^{4+}$，如在水氟钙铈矾中。双置换之一发生在四面体中。

（4）$RE^{3+} + Be^{2+} = Ca^{2+} + B^{3+}$，如在硅铍钇矿中，硅硼钙铁矿中。双置换之一发生在四面体中。

（5）$RE^{3+} + Ti^{4+} = Ca^{2+} + (Nb，Ta)^{5+}$，双置换发生在八面体中，如在易解石等钛钽铌酸盐类矿物中。

（6）$RE^{3+} + Mg^{2+} = Ca^{2+} + Al^{3+}$，双置换发生在八面体中。

（7）$RE^{3+} + (OH)^- = Ca^{2+} + H_2O$，在黑铝钙石中可能含有这种固溶体。这种伴有阴离子的双置换，只在碳酸锶铈矿中见到。

（8）$RE^{3+} + O^{2-} = Ca^{2+} + (OH，F)^-$，这种伴有阴离子的双置换，除在碳酸锶铈矿中见到外，多见于富钙的砷钇铜石中和铌钙矿中。

第四类是伴有电价变化的置换，有一种方式，即 $RE^{3+} + Fe^{2+} = Ca^{2+} + Fe^{3+}$，这种方式见于硅铍钇矿的固溶体中。从晶体化学和地球化学观点看，稀土在矿物中分配特征如下：在矿物学中，常常把稀土矿物分为铈族稀土矿物和钇族稀土矿物。随着测试方法的改进和矿物晶体化学研究的需要，稀土矿物的命名采用以某一最富集稀土的原则，在铈族稀土矿物中，除多数富铈外，出现了富镧和富钕的稀土矿物。但在钇族稀土矿物中，只是富集钇，这一点除受矿物晶体化学法则支配外，还可以用稀土元素的宇宙丰富和地壳克拉克值解释，稀土在地壳中的含量依次为：Ce，Y，Ld，Nd，Pr，Sm，Gd，Dy，…，钇在地壳中虽有所富集，但其含量仍然低于铈而位于第二位。其他重稀土元素的离子半径虽与三价钇相近，但因克拉克值相差甚大而不能成为某一重稀土含量多于钇的矿物。

RE 在地球发展过程中的演化情况，可从 RE 在球粒陨石中的丰度与地壳克拉克值的对比中看出，稀土特别是钇和钇族稀土在地壳中较之在其他地质体中有大量富集，富集的规律受到各地区的具体地质条件所控制，因而出现了富含某一稀土元素的稀土矿物。

3.2 稀土矿物晶体化学和稀土矿物分类

3.2.1 稀土矿物的晶体化学及其类别

依据晶体结构特征，稀土矿物可划分为两组六类。两组是按照稀土矿物中的阴离子是单个的还是成团的而划分。单个的阴离子者为一组，成团的阴离子为另一组。在成团的阴离子中，又有五种不同的成团形式，从而划分为五类。再加上单个阴离子的一类，故成为两组六类。这六类的具体划分是：

（1）稀土矿物晶体结构中含单个阴离子而无阴离子团的矿物类，属于这一类的是氟化物类和简单氧化物类的稀土矿物。例如，氟铈矿 CeF_3，方铈矿（Ce，Th）O_2 等。

（2）稀土矿物晶体结构中含孤立三角形阴离子团的矿物类，属于这一类的是碳酸盐类矿物、含水碳酸盐类矿物和氟碳酸盐类矿物。例如，碳铈钠矿（Na，Ca）（Ce，Sr，Ca，Ba）（CO）$_2$，氟碳酸铈矿 $Ce(CO_3)F$，碳酸锶铈矿（Ce，Ca，Sr）（CO_3）（OH，H_2O），黄河矿 $BaCe(CO)_2F$，白云鄂博矿 $NaBaCe_2(CO_3)_4F$ 等。

（3）稀土矿物晶体结构中含四面体阴离子团的矿物类，属于这一类的有磷酸盐类、砷酸盐类、钒酸盐类、部分硅酸盐类、硅酸磷酸盐类和多酸盐类矿物。例如，独居石 $Ce(PO_4)$，砷钇矿 $Y(AsO_4)$，钒钇矿 $Y(VO_4)$，硅铍钇矿 $Y_2-FeBe_2Si_2O_{10}$，铈硅磷灰石（RE，Ca）$_5[(Si，P)O_4]_3$（OH，F），磷硅铝钇钙石（Ca，Y，Th）$_2Al_2[(Si，P，S)O_4]_4(OH)_7 \cdot 6H_2O$。

（4）稀土矿物晶体结构中既含三角形阴离子团又含四面体阴离子团的矿物类，属于这一类的有碳酸硅酸盐类的稀土矿物和碳酸磷酸盐类的稀土矿物。前者如碳硅钛铈钠石 $Na_2Ce_2TiO_2(SiO_4)(CO_3)_2$，碳硅钇石 $Y_2(SiO_4)(CO_3)$，碳酸铈钙石 $Ca_2(Y，Ce)_2(Si_4O_{12})(CO_3) \cdot H_2O$ 和碳硅钙钇石 $Y_2(Ca，Ce)(Si_4O_{10})(CO_3)_3$（$H_2O$，OH）$\cdot 3H_2O$；后者如大青山矿 $Sr_3RE(PO_4)(CO_3)_3$。

（5）稀土矿物晶体结构中含四面体离子和八面体离子的阴离子团的矿物类，属于这一类的有铝硅酸盐和钛、锆、铌等阳离子的钛砖酸盐类矿物。例如：褐帘石 Ca（Ce，Ca）Al（Al，Fe）（Fe，Al）（SiO_4）$_3$（OH），层硅铈钛矿（Na，Ca）$_3$（Ca，Ce）$_4$（Ti，Nb，Al，Zr）（Si_2O_7）$_2$（O，F）$_4$ 等。

（6）稀土矿物晶体结构中含八面体离子的阴离子团的矿物类，属于这一类的是复杂氧化物类的稀土矿物，即正铌酸盐类、正钽酸盐类、偏钛钽铌酸盐类、焦钛钽铌酸盐类矿物。例如，褐钇铌矿 $YNbO_4$，褐钇钽矿 $YTaO_4$，黑稀金矿 $Y(Nb，Ti)_2O_6$，易解石（Ce，Y，Ca，Fe，Th）（Ti，Nb）$_2$（O，OH）$_6$，铌钇矿（Y，Ce，U，Fe）$_3$（Nb，Ta，Ti）$_5O_{16}$，铈烧绿石（Ce，Ca）$_2$（Nb，Ta）$_2O_6$（OH，F），钇烧绿石（Y，Na，Ca，U）$_2$（Nb，Ta，Ti）$_2$O$_6$（O，OH）等。

3.2.2　稀土矿物分类

按照稀土矿物的化学组成，并参考其晶体结构和晶体化学特点，将稀土矿物划分为 12 类，其中的复酸盐类矿物又细分为 4 个不同的亚类，具体划分如下：

（1）氟化物类矿物，该类矿物的结构特点是由单个的阴阳离子组成，而没有阴离子基团。例如，钇萤石（Ca，Y）F$_2$，氟铈矿 CeF$_3$，氟钙钠钇石（加加林石）（RE，Ca）$_2$（K，Na）F$_6$ 等。

（2）简单氧化物类矿物，该类矿物的结构特点是由单个阴、阳离子组成，阴离子为氧，而没有阴离子基团。例如，方铈矿（Ce，Th）O$_2$ 等。

（3）复杂氧化物类矿物，该类矿物的结构特点是具有大阳离子和中等大小的及小阳离子的复杂堆积。例如，钙钛矿族中的铈铌钙钛矿（Ce，Na，Ca）（Ti，Nb）O$_3$，锶铁钛矿族中的一些矿物。锶铁钛矿族矿物的化学通式为：AM$_{21}$O$_{38}$，其中 A 为大阳离子多面体配位，M 为八面体配位和少数四面体配位阳离子的混合，实际应为：A（B，C）$_{21}$（O，OH）$_{38}$，A 为多面体配位，B 为八面体配位，C 为四面体配位。

该族矿物中含稀土者有 3 个，即镧铀钛铁矿（La）（La，Ce）（Y，U，Fe^{2+}）（Ti，Fe^{3+}）$_{20}$（O，OH）$_{38}$，钛钡铬石（Ba，Sr）（Ti，Cr，Fe，Mg，Zr）$_{21}$O$_{38}$，兰道矿 NaMnZn$_2$（Ti，Fe^{3+}）$_6$Ti$_{12}$O$_{38}$；后两矿物中含少量稀土。

（4）钽铌酸盐类和偏钛钽铌酸盐类矿物，该类矿物的结构特点是含有八面体的阴离子基团。例如，褐钇铌矿族、易解石族、黑稀金矿族、钶钇矿族以及烧绿石族中的许多矿物。

（5）碳酸盐类矿物，该类矿物的结构特点是含有三角形的碳酸根阴离子基团，氟碳酸盐和含水碳酸盐稀土矿物皆属此类。例如，氟碳铈矿 Ce（CO$_3$）F，碳酸锶铈矿（Ce，Ca，Sr）（CO$_3$）（OH，H$_2$O）等。

（6）磷酸盐类、砷酸盐类和钒酸盐类矿物，该类矿物的结构特点是含有孤立的四面体阴离子基团。例如，独居石 Ce（PO$_4$），磷钇矿 Y（PO$_4$），砷钇矿 Y（AsO$_4$），钒钇矿 Y（VO$_4$）等。

（7）硫酸盐类矿物，该类矿物的结构特点是含硫酸根四面体。该类稀土矿物较稀少，易溶于水，自然界中难以长期存在。例如，水氟钙铈钒（Ca，RE）$_4$（Al，Si）$_2$（SO$_4$）F$_{13}$·12H$_2$O，结构中的硅和铝为六次配位。

（8）硼酸盐类矿物，该类矿物的结构特点是含硼酸根，自然界中此类稀土矿物甚少。例如，硼铈钙石（Ca，Na$_2$）$_7$Ce$_2$B$_{22}$O$_{43}$·7H$_2$O。

（9）复酸盐类矿物，该类矿物包括：

1）碳酸硅酸盐类矿物，该类矿物的结构特点是既含有三角形碳酸根又含有四面体形硅酸根的阴离子基团。例如，碳硅钛铈钠石 $Na_2Ce_2TiO_2(SiO_4)(CO_3)_2$，碳硅钇石 $Y_2(SiO_4)(CO_3)$，碳硅铈钙石 $Ca_2(Y, Ce)_2(Si_4O_{12})(CO_3) \cdot H_2O_4$，碳硅钙钇石 $Y_2(Ca, Ce)(Si_4O_{10})(CO_3)_3(H_2O, OH) \cdot 3H_2O$，硅碱钙钇石 $K_5Na_5(Y, Ca)_{12}(Si_{28}O_{70})(OH)_2(CO_3)_8 \cdot 8H_2O$。

2）碳酸磷酸盐类矿物，该类矿物的晶体结构中既含三角形碳酸根又含四面体形磷酸根的阴离子基团。例如，大青山矿 $Sr_3Ce(PO_4)(CO_3)_{3x}(OH, F)_{2x}$。

3）硅酸磷酸盐类矿物，该类矿物晶体结构中同时含有硅酸根和磷酸根的四面体。如铈硅磷灰石 $(Ce, Ca)_5[(Si, P)O_4]_3(OH, F)$，水硅钛铈矿 $(La, Th)(Ti, Nb)(Al, Fe)[(Si, P)_2O_7](OH)_4 \cdot 3H_2O$，磷硅铈矿 $Na_{14}Ce_6Mn_2Fe_2^{3+}(Zr, Th)(OH)_2(PO_4)_6(Si_6O_{18})_2 \cdot 3H_2O$，磷硅铈矿中的硅氧四面体呈六方环状，整个结构似棒状。

4）硅酸硼酸盐类矿物，属于该类矿物有硼硅钡钇矿 $Ba(Y, RE)_6(Si_3B_6O_{24})F_2$，菱硼硅铈矿 $CeBSiO_5$ 或 $Ce_3(B_3O_6)(Si_3O_9)$，产于澳大利亚含铀矽卡岩矿床中，与褐帘石共生。

5）硅酸砷酸盐类矿物，属于该类矿物的有砷硅铁铈矿。

6）硫酸砷酸盐类矿物，属于该类矿物的有不含磷的砷锶铝钒（开来石）。

（10）多酸盐类矿物，该类矿物晶体结构中含三种不同酸根。例如，含硅酸磷酸硫酸根的磷硅铝钇钙石 $(Ca, Y, Th)_2Al_5[(Si, P, S)O_4]_4(OH)_7 \cdot 6H_2O$ 或 $Ca(Y, Th)Al_5(SiO_4)_2(PO_4, SO_4)_2(OH)_7 \cdot 6H_2O$，含磷酸硫酸砷酸根的砷锶铝钒 $(Sr, Ce)Al_3(AsO_4)[(P, S)O_4](OH)_6$。

（11）硅酸盐类矿物，该类矿物晶体结构中含有孤立的、或两两相联的、或环状的硅氧四面体阴离子基团。例如，钪钇石 $(Sr, Y)_2(Si_2O_7)$，硅铍钇矿 $Y_2Fe^{2+}Be_2Si_2O_{10}$，兴安石 $(Y, Ce)(Mg, Fe)Be_2(SiO_4)_2(OH, O)_2$，硅铈石 $Ce_9Fe^{3+}(SiO_4)[(SiO_3)(OH)](OH)_3$，铈硅磷灰石（端元组分）$Ce_3Ca_2(SiO_4)_3(OH)$，羟基磷灰石 $Ca_3Ca_2(PO_4)_3(OH)$。

同理，硅氧双四面体的羟硅铈矿，通过替换可成为羟磷锶矿 $(Sr, Ca)_2Al(PO_4)_2(OH)$。

（12）钛的或锆的硅酸盐类和铝的硅酸盐类矿物，该类矿物的结构特点是含有四面体的和八面体有阴离子基团。例如，褐帘石 $Ca(Ce, Ca)Al(Al, Fe)(Fe, Al)(SiO_4)_3(OH)$，层硅铈钛矿 $(Na, Ca)_3(Ca, Ce)_4(Ti, Nb, Al, Zr)(Si_2O_7)_2(O, F)_4$，硅钛铈矿 $(Ca, Ce, Th)_4(Fe, Mg)(Ti, Mg, Fe)_4(Si_4O_{22})$ 赛马矿 $(Sr, RE, Na, Th)_4(Fe, Ca)(Ti, Zr)_2Ti_2O_8(Si_2O_7)_2$ 等。

3.3 各类稀土矿物及其化学式

下面列出各稀土矿物种的名称、分类及矿物化学式，包括稀土矿物种和含稀土矿物种及有关变种。关于矿物译名、分类及矿物化学式，还有待于进一步工作的完善、修改和增补。

（1）氟化物类稀土矿物有 6 种。

1）镧氟铈矿　　　　　　　　$(La, Ce)F_3$

2）氟铈矿　　　　　　　　　$(Ce, La)F_3$

3）氟钙钠钇石（加加林石）　$(RE, Ca)_2(K, Na)F_6$ 或 $NaCaY(F, Cl)_6$

4）氟钇钙矿　　　　　　　　$Ca_{1-x}Y_xF_{2+x}$ 或 $Ca_{14}Y_5F_{43}$

5）钇萤石　　　　　　　　　$(Ca, Y)F_2$

6）含稀土萤石　　　　　　　$(Ca, RE)F_2$

（2）简单氧化物类稀土矿物有 2 种。

1）方铈石　　　　　　　　　$(Ce^{4+}, Th)O_2$

2）含铌锐钛矿　　　　　　　$(Ti, Nb, Fe, RE)O_2$

（3）复杂氧化物类稀土矿物有 12 种。

1）铈铌钙钛矿　　　　$(Ce, Na, Ca)(Ti, Nb)O_3$ 或 $(Na, Ce^{3+})Ti_2O_6$

2）含稀土钙钛矿　　　$CaTiO_3$

3）镧铀钛铁矿　　　　$(La, Ce)(Y, U, Fe^{2+})(Ti, Fe^{3+})_{20}(O, OH)_{38}$

4）钛钡铬石（含少量稀土）　$(Ba, Sr)(Ti, Cr, Fe, Mg, Zr)_{21}O_{38}$

5）兰道矿（含少量稀土）　$NaMn^{2+}Zn_2(Ti, Fe^{3+})_6Ti_{12}O_{38}$

6）铈钨矿　　　　　　$(Ce, Ca)(W, Al)_2O_6(OH)_3$

7）锶铁钛矿　　　　　$(Sr, La, Ce, Y)(Ti, Fe^{3+}, Mn)_{21}O_{38}$ 或 (Sr, La, Pb)
　　　　　　　　　　　　$(Mn, Fe)Fe_2(Fe, Ti)_6Ti_{12}O_{38}$

8）铈铀钛铁矿　　　　$(Ce, Ca, Th)(Y, U, Fe^{2+})(Ti, Fe^{3+})_{20}(O, OH)_{38}$

9）黑铝钙石　　　　　$(Ca, Ce)(Al, Ti, Mg)_{12}O_{19}$

10）铈锆铁钛矿　　　　锶铁钛矿族$(Ca, Ce, Th)(Zr, Mn, Ce)(Fe, Mg)_2$
　　　　　　　　　　　　$(Cr, Fe, Ti, V)_6(Ti, Al)_{12}O_{38}$

11）钇钨矿　　　　　　$YW_2O_6(OH)_3$

12）含铈钙钛矿　　　　$CaTiO_3$

（4）钽铌酸盐类稀土矿物有 44 种。

1）烧绿石　　　　　　$(Ca, Na)_2Nb_2O_6(OH, F)$

2）铈烧绿石　　　　　$(Ce, Ca)_2(Nb, Ta)_2O_6(OH, F)$

3）钇烧绿石　　　　　$(Y, Na, Ca, U)_2(Nb, Ta, Ti)_2O_6(O, OH)$

4）铀烧绿石　　　　　$(U, Ca, Ce)_2(Nb, TA)_2O_6(OH, F)$

5）铅烧绿石　　　　　$(Pb, Y, U, Ca)_{2-x}Nb_2O_6(OH)$

6）贝塔石(铌钛铀矿)　　　　　$(Ca, Na, Ce, U)_2(Ti, Nb)_2O_6(OH)$

7）钇贝塔石(钇铌钛铀矿)　　　$(Y, U, Ce)_2(Ti, Nb, Ta)_2O_6(OH)$

8）钇细晶石

9）铀细晶石　　　　　　　　　$(U, Ca, Ce)_{2-x}(Ta, Nb)_2O_6(OH, F)$

10）钛锆钍矿(锆克石)　　　　　$(Ca, Na, Ce)_2Zr_2(Ti, Nb, Ta)_3(Fe, Mg)_2O_{14}$

11）褐钇铌矿(褐钇钶矿)　　　　$YNbO_4$；四方相，比较褐钇钽矿；白钨矿结构

12）单斜褐钇铌矿　　　　　　　$YNbO_4$；与褐钇铌矿为二型

13）铈褐钇铌矿　　　　　　　　$(Ce, RE)NbO_4$

14）单斜铈褐钇铌矿　　　　　　$(Ce, RE)NbO_4$ 或 $(Ce, RE)(Nb, Al)(O, OH)_4$

15）钕褐钇铌矿　　　　　　　　$(Nd, RE)(Nb, Ti)(O, OH)_4$

16）单斜钕褐钇铌矿　　　　　　$(Nd, RE)NbO_4$

17）褐钇钽矿　　　　　　　　　$YTaO_4$；比较褐钇铌矿，钇钽铁矿

18）钇钽铁矿　　　　　　　　　$(Y, U, Ca)(Ta, Nb, Fe)_2O_6$ 或 $(Y, U, Fe^{2+})(Ta, Nb)O_4$；
　　　　　　　　　　　　　　　比较钇铌铁矿，褐钇钽矿

19）钇铌铁矿(钇钶铁矿)　　　　$(Y, U, Fe)(Nb, Ta)_2O_6$ 或 $(Y, U, Fe^{2+})(Nb, Ta)O_4$；
　　　　　　　　　　　　　　　比较钇钽铁矿，褐钇铌矿

20）铌钇铀矿(石川石)　　　　　$(U, Fe, Y, Ca)(Nb, Ta)O_4$

21）黑稀金矿　　　　　　　　　$Y(Nb, Ti)_2O_6$；$(Ta+Nb>Ti)$钇易解石高温多型或
　　　　　　　　　　　　　　　$(Y, Ca, Ce, U, Th)(Nb, Ta, Ti)_2O_6$

22）钽黑稀金矿　　　　　　　　$YTaTiO_6$；$(Ta+Nb>Ti)$ 或 $(Y, Ce, Ca)(Ta, Nb, Ti)_2$
　　　　　　　　　　　　　　　$(O, OH)_6$

23）复稀金矿　　　　　　　　　$YTiNbO_6(Ti>Nb+Ta)$ 或 (Y, Ca, Ce, U, Th)
　　　　　　　　　　　　　　　$(Ti, Nb, Ta)_2O_6$

（24）钛稀金矿　　　　　　　　$(Y, U)(Ti, Nb)_2(O, OH)_6$；比较黑稀金矿

25）钛钇钍矿　　　　　　　　　$(Y, Th, Ca, U)(Ti, Fe)_2(O, OH)_6$ 简化为 $YTi_2O_5(OH)$；
　　　　　　　　　　　　　　　比较黑稀金矿

26）铌钙矿　　　　　　　　　　$CaNb_2O_6$ 或 $(Ca, RE)(Nb, Ti)_2(O, OH)_6$；钶铁矿结构

27）钽锆钇矿　　　　　　　　　$(Y, Ce, Ca)ZrTaO_6$；比较黑稀金矿

28）易解石　　　　　　　　　　$(Ce, Y, Ca, Fe, Th)(Ti, Nb)_2(O, OH)_6$；$(Ti>Nb+Ta)$

29）铈铌易解石　　　　　　　　$(Ce, Y, Ca, Th)(Nb, Ti)_2O_6$；$Nb+Ta>Ti$；简化 $CeNb$-
　　　　　　　　　　　　　　　TiO_6

30）钇易解石　　　　　　　　　$(Y, Ca, Fe, Th)(Ti, Nb)_2(O, OH)_6$；$(Ti>Nb+Ta)$黑
　　　　　　　　　　　　　　　稀金矿低温多型

31）钽钇易解石　　　　　　　　$(Y, Ce, Ca, Th)(Ta, Nb, Ti)_2O_6$ 简化为 $YTaTiO_6(Ta+$
　　　　　　　　　　　　　　　$Nb>Ti)$

32）钕铌易解石　　　$(Nd, Ce)(Nb, Ti)_2(O, OH)_6$

33）钕易解石　　　　$(Nd, Ce, Ca)(Ti, Nb)_2(O, OH)_6$

34）钙铌易解石　　　$(Ca, Ce)(Nb, Ta, Ti)_2O_6$

35）铌钇钙矿　　　　$(Ca, Na, Ce, Th)_2Zr_2(Ti, Nb, Ta)_3(Mg, Fe)_4O_{14}$

36）铟钇矿（铌钇矿）　$(Y, Ce, U, Fe)_3(Nb, Ta, Ti)_5O_{16}$或$Fe_2^{2+}YNb_5O_{16}$

37）水钛铌钇锑矿　　$(Ca, Y, Sb, Mn)_2(Ti, Ta, Nb, W)_2O_6(O, OH)$

38）钛铀矿　　　　　$(U, Th, Ca, Y)(Ti, Fe)_2$ 简化为 UTi_2O_6

39）钙贝塔石（钙铌钛铀矿）　$(Ca, Na, Ce, Th)_2(Ti, Nb, Ta)_2O_6(O, F)$；简化为 Ca_2NbTiO_6F; $2Ti>Nb+Ta$

40）钛铈矿　　　　　$(Ce, La)Ti_2(O, OH)_6$；比较铈易解石的化学式

41）钛锌钇铌矿　　　$(Na, Y)_4(Zn, Fe^{2+})_3(Ti, Nb)_6O_{18}(F, OH)_{14}$

42）钽黑稀金矿　　　$(Y, Ce, Ca)(Ta, Nb, Ti)_2(O, OH)_6$ 简化为 $YTaTiO_6$ $(Ta+Nb>Ti)$

43）钍锆烧绿石（钛锆贝塔行）　$(Ca, Th, U, Ce)_2(Zr, Ti)_2(Ti, Nb, Zr, Fe)_2(Mg, Fe, Ti)_2$ $(Ti, Nb)O_{14}$ 简化为 $CaZrTi_2O_7$；比较钙贝塔石，钛锆钍矿，铌钇钙矿

44）含铈烧绿石　　　$(Ca, Na)_2Nb_2O_6(OH, F)$

（5）碳酸盐类和氟碳酸盐类稀土矿物有42种。

1）碳铈钡石　　　　$Ba(Ca, Y, Na, K, Sr, U)(CO_3)_2$；比较碳铈钠矿

2）黄菱锶铈矿（黄菱锶矿）　$(Na, Ca)_3(Sr, Ba, Ca, Ce)_3(CO_3)_5$；比较黄菱钡矿；黄菱铈矿

3）黄菱钡铈矿（黄菱钡矿）　$(Na, Ca)_3(Ba, Sr, Ce, Ca)_3(CO_3)_5$；比较黄菱锶矿，黄菱铈矿

4）碳铈钠矿　　　　$(Na, Ca)(Sr, Ce, Ba)(CO_3)_2$ 或$(Ca, Na)(Sr, Ce, Ba)$ $(CO_3)_2$；比较碳铈钡石

5）碳铈镁石　　　　$(Mg, Fe)Ce_2(CO_3)_4$

6）碳钇钡石　　　　$NaCaBa_3Y(CO_3)_6 \cdot 3H_2O$；比较碳钇锶石

7）碳钇锶石　　　　$NaCaSr_3(CO_3)_6 \cdot 3H_2O$；比较碳钇钡石

8）碳锶铈矿　　　　$(Ce, Sr, Ca)(CO_3)(OH, H_2O)$；比较碳铅钕矿

9）钙碳锶铈矿　　　$(Ce, Ca, Sr)(CO_3)(OH, H_2O)$

10）碳镧石（镧石）　$(La, Ce)_2(CO_3)_3 \cdot 8H_2O$

11）碳铈石（铈石）　$(Ce, La)_2(CO_3)_3 \cdot 8H_2O$

12）碳钕石（钕石）　$(Nd, La)_2(CO_3)_3 \cdot 8H_2O$

13）洛水碳钇矿　　　$CaY_4(CO_3)_7 \cdot 9H_2O$

14）四水碳铈矿　　　$Ce_2(CO_3)_3 \cdot 4H_2O$

15) 水菱钇矿　　　　　　　　$Y_2(CO_3)_3 \cdot nH_2O$（n 约为 2）

16) 水碳钇铀矿　　　　　　　$(Y, Dy)_2(UO_2)_4(CO_3)_4(OH)_6 \cdot 11H_2O$

17) 铜铅霞石　　　　　　　　$PbCu(Nd, Cd, Sm, Y)(CO_3)_3(OH) \cdot 1.5H_2O$

18) 白云鄂博矿　　　　　　　$NaBaCe_2(CO_3)_4F$

19) 碳钙钇矿　　　　　　　　$CaY_2(CO_3)_4F \cdot 6H_2O$

20) 羟镧氟碳铈矿　　　　　　$(La, Ce)(CO_3)(OH, F)$

21) 氟碳铈矿　　　　　　　　$(CO_3)F$ 或 $(Ce, La, Nd)(CO_3)F$

22) 镧氟碳铈矿　　　　　　　$(La, Ce)(CO_3)F$

23) 钇氟碳铈矿（氟碳钇矿）　$(Y, Ce)(CO_3)F$

24) 羟氟碳铈矿　　　　　　　$(Ce, La)(CO_3)(OH, F)$

25) 羟钕氟碳铈矿　　　　　　$(Nd, Ce, La)(CO_3)(OH, F)$

26) 氟碳钙铈矿　　　　　　　$(Ce, La)_2(CO_3)_3F_2$

27) 钕氟碳钙铈矿　　　　　　$Ca(Nd, Ce, La)_2(CO_3)_3F_2$

28) 伦琴钙铈矿　　　　　　　$Ca_2(Ce, La)_3(CO_3)_5F_3$

29) 新奇钙铈矿　　　　　　　$Ca(Ce, La)(CO_3)_2F$

30) 钕新奇钙铈矿　　　　　　$Ca(Nd, La)(CO_3)_2F$

31) 新奇钙钇矿（钇新奇钙铈矿）　$Ca(Y, Ce)(CO_3)_2F$

32) 钍氟碳铈矿　　　　　　　$(Th, Ca, La)_2(CO_3)_7F_2 \cdot nH_2O$（$n$ 约为 3）

33) 氟碳钡铈矿　　　　　　　$BaCe_2(CO_3)_2F_2$ 或 $(Ce_{0.33}La_{0.67})BaCe_2(CO_3)_4F$

34) 黄河矿　　　　　　　　　$BaCe(CO_3)_2F$

35) 氟碳铈钡矿　　　　　　　$Ba_3Ce_2(CO_3)_5F_2$

36) 钕氟碳铈钡矿　　　　　　$Ba_3(Nd, Ce)_2(CO_3)_5F_2$

37) 中华铈矿　　　　　　　　$Ba_2Ce(CO_3)_3F$

38) 碳钇铀矿　　　　　　　　$U_4^{6+}(Y, Nd, Gd)_2O_{12}(CO_3)_3 \cdot 14.5H_2O$

39) 碳铅钕矿　　　　　　　　$(Nd, Pb)(CO_3)(OH, H_2O)$；比较碳锶铈矿

40) 黄菱铈矿　　　　　　　　$Na_3(Ce, La, Ca, Na, Sr)_3(CO_3)_5$；比较黄菱锶矿，黄菱钡矿

41) 水碳铀矿　　　　　　　　$(Ca, RE)UO_2(CO_3)_4(OH)_2 \cdot 6H_2O$

42) 未命名新矿物　　　　　　$(Ca_{0.5}Mg_{0.5})BaCe_2(CO_3)_4F$

（6）磷酸盐类、砷酸盐类和钒酸盐类稀土矿物有 32 种。

1) 独居石　　　　　　　　　$Ce(PO_4)$ 或 $(Ce, La, Nd, Th)(PO_4)$

2) 镧独居石　　　　　　　　$(La, Ce, Nd)(PO_4)$

3) 钕独居石　　　　　　　　$(Nd, La, Ce)(PO_4)$

4) 富钍独居石（不含硅）　　$(Ca, Ce, Th)(PO_4)$

5) 磷钙钍矿　　　　　　　　$CaTh(PO_4)_2$

6) 磷钇矿　　　　　　　　　$Y(PO_4)$；比较砷钇矿，钒钇矿；锆石结构

7）锶铈磷灰石（别洛夫石） $Sr_3NaCe(PO_4)_3(OH)$

8）含稀土磷灰石 $(Ca, Ce, Sr, Na, K)_3Ca_2(PO_4)_3(F, OH)$

9）磷铝铈矿 $CeAl_3(PO_4)_2(OH)_6$

10）钕磷铝铈矿（磷铝矿） $(Nd, Ce)Al_3(PO_4)_2(OH)_6$

11）磷铈钠石 $Na_3(Ce, La, Nd)(PO_4)_2$

12）水磷钙钍石 $(Ca, Th, Ce)(PO_4) \cdot H_2O$

13）水磷铈石 $(Ce, La)(PO_4) \cdot nH_2O$

14）镧水磷铈石（水磷镧石） $(La, Ce)(PO_4) \cdot nH_2$

15）水磷钇矿 $Y(PO_4) \cdot 2H_2O$

16）水磷铀矿 $(U, Ca, Ce)(PO_4) \cdot nH_2O$；水磷铈石族

17）莱水磷铀矿 $U^{4+}(PO_4)(OH) \cdot H_2O$

18）砷钇矿 $Y(AsO_4)$；比较磷钇矿，钒钇矿

19）铈锰砷矿 $Mn_2Ce(AsO_4)(OH)_4$

20）砷镧铜石或镧砷钇铜石 $(La, Ca)Cu_6(AsO_4)_3(OH)_6 \cdot 3H_2O$

21）砷钇铜石 $(Y, Ca)Cu_6(AsO_4)_3(OH)_6 \cdot 3H_2O$

22）砷铝铜石 $(Al, Y, Ca)Cu_6(AsO_4)_3(OH)_6 \cdot 3H_2O$

23）钒钇矿 $Y(VO_4)$；比较磷钇矿，砷钇矿

24）钒铈矿

25）砷磷铝铈矿 $CeAl_3(AsO_4)_2(OH)_6$

26）镧磷铝铈矿（磷铝镧矿） $(La, Ce)Al_3(PO_4)_2(OH)_6$

27）砷铈矿 $(Ce, La, Nd)AsO_4$；比较独居石

28）彼得钇磷矿 $(Y, Ce, Nd, Ca)Cu_6(PO_4)_3(OH)_6 \cdot 3H_2O$

29）镧锰砷矿 $(Mn, Mg)_2(La, Ce)(AsO_4)(OH)_4$

30）钕锰砷矿 $Mn_2(Nd, Ce, La)(PO_4) H_2O$

31）钕水磷铈石（水磷钕石） $(Nd, Ce, La)(PO_4) \cdot nH_2O$

32）铈钒钇矿 $(Ce, Pb^{2+}, Pb^{4+})VO_4$；比较磷钇矿，砷钇矿

（7）硫酸盐类稀土矿物有 2 种。

1）水氟钙钇矾 $(Ca, Y)_4(Al, Si)_2(SO_4)F_{13} \cdot 12H_2O$ 或

                     $Ca_3(Y, Ce)Al_2(SO_4)F_{13} \cdot 10H_2O$

2）水氟钙铈矾 $(Ca, Ce)_4(Al, Si)_2(SO_4)F_{13} \cdot 12H_2O$ 或

                     $Ca_3(Ce, Y)Al_2(SO_4)F_3 \cdot 10H_2O$

（8）硼酸盐类稀土矿物有 1 种。

1）硼铈钙石 $(Ca, Na_4)_7Ce_2B_{22}O_{43} \cdot 7H_2O$

（9）复酸盐类稀土矿物有 27 种。

1) 碳酸硅酸盐类稀土矿物有 7 种。

①碳硅铈钙石　　　　　　　　$Ca_2(Y，Ce)_2(Si_4O_{12})(CO_3) \cdot H_2O$

②碳硅钙钇石　　　　　　　　$Y_2(Ca，Ce)(Si_4O_{10})(CO_3)_3(H_2O，OH) \cdot 3H_2O$ 或

　　　　　　　　　　　　　　$Ca_3Y_4Gd(Si_8O_{20})(CO_3)_6(OH) \cdot 2H_2O$

③硅碱钙钇石　　　　　　　　$K_5Na_5(Y，Ca)_{12}(Si_{28}O_{70})(OH)_2(CO_3)_8 \cdot 8H_2O$

④碳硅钇石　　　　　　　　　$Y_2(SiO_4)(CO)_3$

⑤碳硅钛铈钠石　　　　　　　$Na_2Ce_2TiO_2(SiO_4)(CO_3)_2$

⑥碳硅铀钇矿　　　　　　　　$CaGd(UO_2)_{24}(CO_3)_8(Si_4O_{12}) \cdot 60H_2O$

⑦碳硅钛钕钠石　　　　　　　$Na_2(Nd，La)_2TiO_2(SiO_4)(CO_3)_2$

2) 碳酸磷酸盐类稀土矿物有 1 种。

①大青山矿　　　　　　　　　$Sr_3Ce(PO_4)(CO_3)_{3-x}(OH，F)_{2x}$；比较西多连科石，磷酸

　　　　　　　　　　　　　　钠镁石

3) 硅酸磷酸盐类稀土矿物有 7 种。

①铈硅磷灰石　　　　　　　　$(Ce，Ca)_5[(Si，P)O_4]_3(OH，F)$

②钇硅磷灰石　　　　　　　　$(Y，Ca)_5[(Si，P)O_4]_3(OH，F)$

③磷硅铈矿　　　　　　　　　$Na_{14}Ce_6Mn_2Fe_2^{3+}(Zr，Th)(OH)_2(PO_4)_6(Si_6O_{18})_2 \cdot 3H_2O$

④磷硅钠石　　　　　　　　　$Na_{11}(Na，Ca)_2Ca_2Ce_{0.67}(Si_{14}O_{12})(PO_4)_4$

⑤硅钛铈钠石　　　　　　　　$(Na，K，Ca)_4(Ne，Th)(Ti，Mg，Al，Nb)$

　　　　　　　　　　　　　　$[(P，Si)_8O_{22}] \cdot 5H_2O$

⑥水硅钛铈矿　　　　　　　　$(La，Th)(Ti，Nb)(Al，Fe)[(Si，P)_2O_7](OH) \cdot 3H_2O$

⑦富钍独居石(含硅)　　　　　$(Ca，Ce，Th)[(P，Si)O_4]$

4) 硅酸硼酸盐类稀土矿物有 9 种。

①硼硅钡钇矿　　　　　　　　$Ba(Y，RE)_6(Si_3)B_6O_{24}F_2$

②黑铈矿　　　　　　　　　　$(Ce，Ca)_5[(Si，B)_3O_{12}](OH，F) \cdot nH_2O$；比较磷灰石

③硼硅铈矿　　　　　　　　　$(Ce，La，Y，Th)_5(Si，B)_3(O，OH，F)_{13}$；比较磷灰石

④钇硼硅铈矿(硼硅钇矿)　　　$(Y，Ca，La，Fe^{2+})_5(Si，B，Al)_3(O，OH，F)_{13}$

⑤塔吉克石　　　　　　　　　$(Ca，Ce)_4(Ce，Y)_2(Ti，Fe^{3+}，Al)B_4Si_4(O，OH)_2O_{22}$

⑥硼硅钇钙石　　　　　　　　$(Ca，Y)_6(Al，Fe^{3+})B_4Si_4O_{18}(OH，O)_2(OH)_2$

⑦菱硼硅铈矿　　　　　　　　$CeBSiO_5$ 或 $Ce_3(B_3O_6)(Si_3O_9)$

⑧氟硼硅钇钠石　　　　　　　$(Na，Ca)_3(Y，Ce)_{12}Si_6B_2O_{27}F_{14}$

⑨钙钇铍硼硅矿

5) 硅酸砷酸盐类稀土矿物有 1 种。

①硅砷铁铈矿　　　　　　　　$(Ce，Nd，La)(Fe，Ti，Al)_3[(Si，As)O_{13}]$

6）硫酸砷酸盐类稀土矿物有 1 种。

①砷锶铝矾(开来石)(不含磷) $(Sr,Ce)Al_3(AsO_4)(SO_4)(OH)_6$

7）碳酸硼酸盐类稀土矿物有 1 种。

①碳硼钇矿 $Y[B(OH)_4](CO_3)$

（10）多酸盐类稀土矿物有 2 种。

1）磷硅铝钇钙石 $(Ca,Y,Th_2)Al_5[(Si,P,S)O_4]_4(OH)_7·6H_2O$ 或
$(Ca,Y,Th)Al_5(SiO_4,PO_4,SO_4)_2(OH)_7·6H_2O$

2）砷锶铝矾(开来石)(含磷) $(Sr,Ce)Al_3(AsO_4)[(P,S)O_4](OH)_6$

（11）硅酸盐类稀土矿物有 35 种。

1）铈硅铍钇矿(硅铍铈矿) $(Ce,La,Nd,Y)_2(Fe^{2+},Mg^{2+})Be_2Si_2O_8(O,OH)_2$

2）硅铍钇矿 $Y_2Fe^{2+}Be_2Si_2O_{10}$

3）钙硅铍钇矿 $(Ca,Fe^{3+})Be_2Si_2O_{10}$

4）钇兴安石 $(Y,Ce)(Mg^{2+},Fe^{2+})Be_2(SiO_4)_2(OH,O)_2$

5）镱兴安石 $(Yb,Y)_2(Mg^{2+},Fe^{2+})Be_2Si_2O_8(OH,O)_2$

6）含稀土楣石 $(RE,Ca)(Ti,Fe^{2+})SiO_5$

7）含稀土锆石 $ZrSiO_4$

8）含稀土钍石 $ThSiO_7$

9）钪钇矿 $(Sc,Y)_2(Si_2O_7)$；比较镱钇矿

10）硅镱石(镱钇矿) $(Y,Yb)_2(Si_2O_7)$；比较钪钇矿

11）硅钇石 $(Y,Th)_2(Si_2O_7)$

12）硅钠锶镧石 $(La,Ce)(Sr,Ca)Na_2(Na,Mn)(Zn,Mg)Si_6O_{17}$

13）硅铈石 $Ce_9Fe^{3+}(SiO_4)_6[(SiO_3)(OH)](OH)_3$ 或 $Ce_9(□,Ca)$
$(Fe^{3+},Mg)(SiO_4)_6[SiO_3(OH)](OH)_3$

14）羟硅铈矿 $Ce_2Al(SiO_4)_2(OH)$

15）氟硅钇矿 $(Y,Ca,Na,Th)_{14}(Fe,Mn,Mg)_2(Si,Al)_{13}O_{45}$
$(F,OH,Cl)_9$

16）伊拉克石 $(K,Na)(La,Th,U,Pb)(Ca,La,Na)_2(Si,Al)_8(O,F)_{20}$

17）氟硅钙钠石(阿格雷尔石) $Na(Ca,RE)_2Si_4O_{10}F$

18）硅铈钠石 $Na_2CeSi_6O_{14}(OH)·nH_2O(n>1.5)$

19）谢苗诺夫石 $(Ce,Na)_2(Na,La,Ce)_2(Fe,Mn)(Fe,Mn)$
$(Ca,Na)_8Si_8(Si,Be)_6(Be,Si)_6O_{40}(OH,O)_2(OH,F)_6$

20）硅碱钇石 $(Na,Ca)_2(K,Na)_2K_2(Y,Ce)_2Si_{16}O_{38}·10H_2O$

21）硅铈铌钡矿 $Ba_2Na_4CeFe^{3+}Nb_2Si_8O_{28}·5H_2O$

22) 汤硅钇石(羟硅钇矿) $Y(Si, H_4)O_{3-x}(OH)_{1-2x}$，简化为 $YSiO_4(OH)$

23) 含稀土石榴石 $(Ca, Fe, Mg, Mn, Y)_3(Al, Cr, Fe, Mn, Ti, V, Zr)_2$ $(Si, Al)_3O_{12}$；人工合成(YAG)YAl_5O_{12}和(YIG)YFe_5O_{12}

24) 红硅钇石 $Y_3Si_3O_{10}(F, OH)$

25) 铈兴安石 $Ce_2Be_2Si_2O_8(OH)_2$

26) 硅镱钇矿 $(Y, Yb)_4Al(SiO_4)_2(OH)_2F_5$

27) 硅铍铋钇矿 $(Y, Bi)_2CaBe_2Si_2O_{10}$

28) 硅钾稀土矿 $K(Ca, Ce)_6Si_8O_{22}(OH, F)_2$ 或 $Ca_{10}(Ca, K)K_2Y_2Si_{16}O_{44}$ $(OH)_2F_2 \cdot nH_2O(n<1)$

29) 层硅铈矿 $Na_3Ca_2(Ce, La)_2(Si_2O_7)_2OF_3$；比较层硅铈钛矿

30) 硅钠锶铈石 $(Ce, La)(Sr, Ca)Na_2(Na, Mn)(Zn, Mg)Si_6O_{17}$

31) 硅钇矿 $Y_3Si_3O_{10}(F, OH)$

32) 铈楣石 $(Ce, La, Ca)(Ti, Fe^{2+})SiO_5$

33) 羟硅镧矿 $(La, Ce)_2Al(SiO_4)_2(OH)$

34) 含铈符山打(含铈维苏威石) $(Ca_{15.5}Ce_{3.5})(Al, Fe^{3+})_4Fe^{2+}(Mg_5Ti_3)Si_{1.75}Al_{0.5}O_{71}(OH)_7$

35) 钇楣石 $(Y, RE, Ca)(Ti, Fe^{2+})SiO_5$

（12）钛的或锆的硅酸盐类和铝的硅酸盐类稀土矿物有 18 种。

1) 褐帘石 $Ca(Ce, Ca)Al(Al, Fe)(Fe, Al)(SiO_4)_3(OH)$；简化为 $CaCeFe^{2+}Al_2(SiO_4)_3(OH)$

2) 钇褐帘石 $CaYFe^{2+}Al_2(SiO_4)O_3(OH)$

3) 硅钛铈矿 $(Ca, Ce, Th)_4(Fe, Mg)(Ti, Mg, Fe)_4(SiO_4O_{22})$ 或 $Ce_4Mg(Ti_3Mg)Si_4O_{22}$

4) 锶硅钛铈矿 $(Sr, La, Ce, Ca)_4(Fe, Mn)(Ti, Zr)_4Si_4O_{22}$

5) 钛硅铈矿 $(Ca, Ce, Th)_4(Mg, Fe^{2+})(Ti, Mg, Fe)_4(Si_4O_{22})$ 或 $Ce_4Mg(Ti_3Mg)(Si_4O_{22})$；与硅钛铈矿为二型

6) 层硅铈钛矿 $(Na, Ca)_3(Ca, Ce)_4(Ti, Nb, Al, Zr)(Si_2O_7)_2(O, F)_4$

7) 钇氟钛硅石 $(Y, Dy, Er)_4(Ti, Sn)O(SiO_4)_2(F, OH)_6$

8) 静海石 $Fe_8(Zr, Y)_2Ti_3Si_3O_{24}$

9) 羟硅铝钇石 $Y_4Al_2AlSi_5O_{18}(OH)_5$

10) 镱羟硅铝钇石(羟硅铝镱石)

11) 赛马矿 $(Sr, RE, Na, Th)_4(Fe, Ca)(Ti, Zr)_2Ti_2O_8(Si_2O_7)_2$

12) 硅钠钡钛石 $NaFe^{2+}Ba_2Ce_2Ti_2Si_8O_{26}(OH) \cdot H_2O$

13) 斜方硅钠钡钛石 $NaFe^{2+}Ba_2Ce_2Ti_2Si_8O_{26}(OH) \cdot H_2O$；与硅钠钡钛石为二型

14) 锶硅钠钡钛石 $(Na, Fe^{2+})_2Ba_2(Sr, Ce)_2Ti_2Si_8O_{24}(O, OH)_2 \cdot 0.8H_2O$

15) 稀土帘石 绿帘石族 $CaCeMgAlSi_3O_{11}(OH)F$

16) 含铈异性石 $Na_4(Ca, Ce)_2(Fe^{2+}, Mn^{2+}, Y)ZrSi_8O_{22}(OH, Cl)_2$

17) 伊硅钠钛石 $(Na, Ce, Ba)_{10}Ti_5(Si, Al)_{14}O_{22}(OH)_{44} \cdot nH_2O$

18) 层硅铈钛矿 $Na_2Ca_4CeTi(Si_2O_7)_2OF_3$；比较层硅铈矿

3.4　地壳中稀土矿物出现频率的讨论

地球上矿物数千种，而经常出现者仅一二百种。同理，地球上的稀土矿物二三百种，而经常遇到的则不过 1/10，即十余种。探讨出现这种情况的原因对研究稀土元素地球化学和稀土元素矿物学很有意义。

地壳中某一矿物出现的丰度和频率，首先决定于该矿物物质组成的克拉克值，其次受制于形成该矿物的地质条件。对于稀土矿物来说，首先决定于稀土在地壳中的丰度，其次决定于当时当地的成岩成矿物理化学条件。因此，元素的地球化学规律和矿物的晶体化学规律，都应当是我们讨论问题的依据。

各类地质体岩石性质的不同决定了稀土含量的多少和配分的差别，当然也决定着稀土矿物出现与否。如果我们着眼于整个地壳观察，则经常出现的稀土矿物可能有：硅酸盐矿物中的褐帘石和硅铍钇矿，前者富铈，后者富钇；虽然我国新近发现了富铈的硅铍钇矿，但数量上也有局限；硅钛铈矿产地甚多，而钛硅铈矿则产地稀少；铈硅磷灰石分布普遍，而钇硅磷灰石则分布稀少；广泛分布的榍石中，往往含有稀土。磷酸盐矿物中的独居石和磷钇矿，也是一种富铈，另一种富钇；而在广泛分布的磷灰石中，则普遍含有稀土（见图 3-1 和图3-2）。

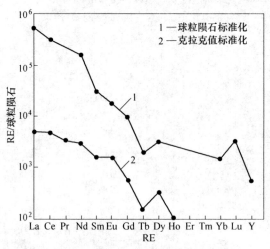

图 3-1　白云鄂博独居石的球粒陨石标准化
或克拉克值标准化的稀土丰度

$(\delta_{Eu} = 0.89)$

至于氟碳酸盐矿物中的稀土矿物，以氟碳铈矿和氟碳钙铈矿两者分布广泛，两者都富含铈。由于形成条件的苛刻，富钇的氟碳铈矿很少出现；而钇氟碳铈矿

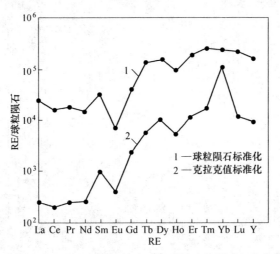

图 3-2　西华山花岗岩体中磷钇矿的球粒陨石标准化
或克拉克值标准化的稀土丰度

$(\delta_{Eu} = 0.18)$

自然界找到不久，含量也十分稀少（见图 3-3~图 3-5）。

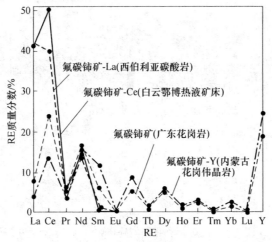

图 3-3　氟碳铈矿的稀土丰度

（稀土理论总含量为 100%）

　　氧化物矿物中的稀土矿物，有褐钇铌矿、易解石、黑稀金矿等。褐钇铌矿富钇，富铈的褐钇铌矿虽有发现，但产地不多。易解石富铈和富钇者均有广泛分布，黑稀金矿富钇，分布也广。

　　在二三百种稀土矿物中，大部分矿物是在特殊地质条件下形成。常见的稀土矿物不是富铈，就是富钇，至于富镧、富钕或富其他稀土的稀土矿物，也同样是

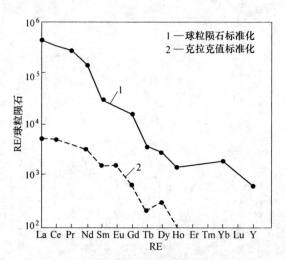

图 3-4   白云鄂博氟碳铈矿的球粒陨石标准化
或克拉克值标准化的稀土丰度

($\delta_{Eu} = 1.02$)

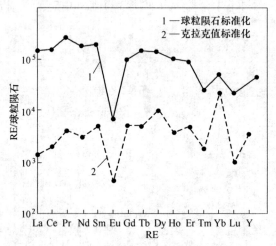

图 3-5   广东阳春花岗岩体中氟碳铈矿的球粒
陨石标准化或克拉克值标准化的稀土丰度

($\delta_{Eu} = 0.05$)

在特殊条件下形成。因此，特殊地质条件的研究工作，对于研究整个稀土矿物学和稀土地球化学来说甚为重要。

稀土矿物的出现，标志着行星地质演化的进程，陨石中无独立稀土矿物，月岩中仅有一种含稀土的矿物——静海石，而地壳中有二三百种稀土矿物，这也显示出地球的发展演化。

复习思考题

3-1　稀土元素在矿物中有哪些赋存状态？

3-2　稀土的矿物分类有哪些？

中国稀土矿物种类及研究成果

4.1 中国稀土矿物种类

4.1.1 引言

地质学研究结果表明，中国大陆地壳构造岩浆活动频繁，成矿因素多种多样，稀土矿化规模巨大而广泛，各类稀土均有不同程度的富集，形成了具有中国地质特色的丰富的稀土矿产资源。

中国稀土矿物种类众多，现已查明百余种，其中主要有：氟化物类矿物2种，氧化物类矿物4种，钽铌酸盐类矿物25种，碳酸盐类矿物4种，氟碳酸盐类矿物12种，磷酸盐类矿物8种，砷酸盐类矿物1种，复酸盐类矿物3种，硅酸盐类矿物8种，钛硅酸盐类和锆硅酸盐类矿物6种，硼硅酸盐类矿物1种，共计74种主要稀土矿物。

4.1.2 中国稀土矿物特征

中国稀土矿物种类繁多，矿物新种、新变种、新亚种屡有发现。近30年来发现的新种（新矿物）有：黄河矿、氟碳铈钡矿、钕氟碳铈钡矿、中华铈矿、钕氟碳钙铈矿、白云鄂博矿、未命名新矿物 $(Ca_{0.5}Mg_{0.5})BaCe_2(CO_3)_4F$、钕易解石、铈铌易解石、钕铌易解石、铈褐钇铌矿、单斜铈褐钇铌矿、钕褐钇铌矿、单斜钕褐钇铌矿、大青山矿、兴安矿、赛马矿等。

稀土矿物的特点之一是化学组成复杂，即便是同一矿物种的矿物化学组成也变化巨大，尤其是钽铌酸盐类矿物。同一种矿物有数目繁多的化学变种，这在矿物学文献中有明显反映。

中国稀土矿物产地产状各具特色，同一矿物，可有多种产状。独居石、磷钇矿、褐帘石等稀土矿物，既形成于岩浆期、岩浆期后、伟晶岩期及各种热液阶段，又形成于各种变质作用的环境之中。硅钛铈矿产出于石英正长岩、矽卡岩和热液交代脉中。铈硅磷灰石产出于花岗岩、花岗斑岩、矽卡岩和热液脉交代中。不同产状的稀土矿物具有各自的特点，反映各自具体的地质条件。

中国稀土矿物的分布极不一致。有的稀土矿物，分布十分广泛，各种地质作用下均可产出；有的极难找到，产出地质条件苛刻。如黄河矿仅产出于白云鄂博，兴安矿仅发现于兴安岭某地，赛马矿仅在赛马碱性岩体中找到。

众所周知，在多数地质条件下易于形成且分布广泛的稀土矿物种，首推独居石、氟碳铈矿、褐帘石，以及含稀土的磷灰石和榍石；分布广泛且具中国特征的稀土矿物族，首推易解石族、褐钇铌矿族、黑稀金矿族、铈硅磷灰石族、硅钛铈矿族；分布广泛且矿物种类多、数量也多的稀土矿物类，首推钽铌酸盐类、氟碳酸盐类和钛硅酸盐类。

中国稀土矿物的特征之一是含钕矿物种类多，钕易解石、钕铌易解石、钕氟铈钡矿、钕氟碳钙铈矿、钕褐钇铌矿、单斜钕褐钇铌矿等新矿物的相继发现即是证明；更有许多富含钕的变种和亚种矿物。又一特点是轻稀土中的奇数稀土的富集现象，即 57 号镧、59 号镨、63 号铕的富集，在白云鄂博许多稀土矿物中具有这种现象，称为白云鄂博轻稀土富集规律，这乃是白云鄂博稀土地球化学的重要特点之一。另一重要特点是它们的变生现象，完全变生、半变生、未变生的稀土矿物都有发现，说明中国稀土矿物形成的地质条件的多样性和矿物化学组成的多变性。如地质年代古老的褐帘石已变生，而年轻的褐帘石则不变生；矿物化学组成中含放射性元素多的则变生，少含或不含放射性元素的则半变生或不变生。半变生矿物的特点是矿物的光学性质正常，但 X 射线衍射结果为非晶质。矿物变生程度因地而异，因矿物晶体结构稳固程度而异，因矿物化学组成中含放射性元素多寡而异。

4.1.3 中国稀土矿物种、变种、系列、族和类

论及中国稀土矿物种类，首先按矿物类叙述，其次论及矿物族和矿物系列，主要叙述矿物种，最后涉及亚种和变种。

在氟化物类稀土矿物中有氟铈矿和钇萤石，该两种矿物曾见于伟晶岩中，仍未进行详细研究。

在简单氧化物类稀土矿物中有：方铈石，产于白云鄂博西矿的氧化带中；含铌锐钛矿，产于白云鄂博的钠辉石型稀土矿石中，含 RE_2O_3 可达 4%～6%（质量分数）。

复杂氧化物类稀土矿物中的钙钛矿族矿物有的产于白云鄂博西矿白云石型矿石和内蒙古伟晶岩中，其中有含稀土的钙钛矿和铈铌钙钛矿（大量产出于凤城碱性岩体中）。

钽铌酸盐类稀土矿物在中国产出甚多，种类复杂，分布广泛。正钽铌酸盐类有褐钇铌矿族；偏钽铌酸盐类有易解石族，黑稀金矿族，铌钇矿族；焦钽铌酸盐类有烧绿石族中的各种稀土矿物。

褐钇铌矿族的稀土矿物有姑婆山花岗岩边缘相中的褐钇铌矿，西华山蚀变花岗岩和白云鄂博钠闪石化白云岩中的单斜褐钇铌矿，白云鄂博东部镁矽卡岩中的

铈褐钇铌矿，白云鄂博的单斜铈褐钇铌矿，白云鄂博东矿钠辉石脉中的钕褐钇铌矿，白云鄂博钠闪石化白云岩中的单斜钕褐钇铌矿. 以及江西牛岭坳矿化花岗岩中的黄钇钽矿。后者为四方晶系，或为单斜晶系。光学性质或为一轴晶或为二轴晶。

易解石族稀土矿物有铈易解石、钇易解石、钕易解石、铈铌易解石、钕铌易解石。铈易解石在国内许多地方都能找到，钇易解石的国内产地也多。四川产的钇易解石含钛最低，吉林产的则含钛较高，而江西产的含钛最高，其中钛含量可达 45.25%，可称为富钛钇易解石。

易解石族矿物中，钛含量可大于铌很多，如白云鄂博的钕易解石的富钛变种，称为富钛钕易解石，其中钛的原子数为铌钽原子数之和的两倍以上，矿物的物理性质也不同于钕易解石，实为钛酸盐而非铌酸盐。至于钕易解石、铈铌易解石、钕铌易解石 3 个新矿物，仅产于白云鄂博铁铌稀土矿床中。在众多的易解石族矿物中，矿物化学组成中的钽，含量一般不高，姑婆山砂矿中的易解石，钽原子数可达铌原子数的一半，称为含钽易解石。内蒙古花岗岩与辉长岩的接触带中的钇易解石，除富含钇之外，还含钕、钪、镝较高。

黑稀金矿族中的黑稀金矿，产于内蒙古、四川和阿尔泰的花岗伟晶岩中，西华山的花岗岩中，以及四川的花岗岩脉中。复稀金矿产于内蒙古花岗伟晶岩中。铌钙矿则产于白云鄂博外矽卡岩带的矿化白云岩中。铌钇矿族稀土矿物中的铌钇矿产于四川米易花岗岩中，还产出铁铀铌钇矿（石川石）。在焦钽铌酸盐中的烧绿石族矿物中，有含钇的烧绿石产于广东钠长石花岗岩中，含铈的烧绿石产于白云鄂博矿区，该矿区还产有含钛的烧绿石。此外，江西产的细晶石中含少量稀土。

碳酸盐类和氟碳酸盐类稀土矿物产出丰富，分布广。其中，碳铈钠矿产于白云鄂博和山东微山。黄菱锶铈矿产于竹山火成碳酸盐体中。含钙的碳锶铈矿产于微山稀土矿床中，是碳锶铈矿 $SrCe(CO_3)_2(OH)$-钙碳锶铈矿 $(Ca, Sr)Ce(CO_3)_2 \cdot (OH) \cdot H_2O$ 系列中的过渡成员。

在氟碳铈矿 $CeCO_3F$-氟碳钇矿 YCO_3F 系列矿物中，多铈族端元的矿物，钇族端元的矿物还未在我国找到，估计钇族端元矿物产出地质条件苛刻，一般很难出现，仅在广东阳春花岗岩中发现含钇较富的氟碳铈矿，钇含量约占全部稀土总量的1/4。

在稀土与碱土形成的复碳酸盐类矿物中，可能有下列矿物系列的产生，即 $CeCO_3F$-$CaCO_3$ 系列、$CeCO_3F$-$BaCO_3$ 系列、YCO_3F-$CaCO_3$ 系列、YCO_3F-$BaCO_3$ 系列、$CeCO_3F$-$SrCO_3$ 系列、YCO_3F-$SrCO_3$ 系列，自然界目前只有前两个矿物系列被找到。

氟碳铈矿 $CeCO_3F$-碳酸钙 $CaCO_3$ 系列矿物和氟碳铈矿 $CeCO_3F$-碳酸钡 $BaCO_3$

系列的中间成员矿物，在白云鄂博相继发现。后一系列的成员有氟碳铈矿、氟碳钡铈矿、黄河矿、氟碳铈钡矿、钕氟碳铈钡矿、中华铈矿、毒重石。前一系列的成员只找到氟碳钙铈矿和新矿物之一的钕氟碳钙铈矿，伦琴钙铈矿和新奇钙铈矿则在白云鄂博还未找到。

氟碳钇矿 YCO_3F-碳酸钙 $CaCO_3$ 系列的中间成员矿物，只找到新奇钙钇矿，产于江西、青海等地，氟碳钙钇矿在世界上还未发现。现有情况表明，江西牛岭坳一带的矿化花岗岩中，可能会发现该矿物。

此外还有碱土金属和碱金属与稀土氟碳酸形成的复杂盐的矿物白云鄂博矿。碱土金属和稀土氟碳酸形成的未命名新矿物 $(Ca_{0.5}Mg_{0.5})BaCe_2(CO_3)_4F$。

铈镧石产于白云鄂博矿床氧化带中，分布稀少。

磷酸盐类稀土矿物中的铈独居石最多，产于花岗岩体中，变质岩地层中，残积、坡积、冲积等各类砂矿中。钕独居石见于吉林通化花岗岩岩脉中，富钍独居石则产于新疆花岗伟晶岩中。

关于 $CePO_4$-YPO_4 系列中的端元组分独居石和磷钇矿，分布广泛，但是 $CePO_4$ 的稳定形式为单斜，YPO_4 的稳定形式则为四方，显然是与稀土离子半径大小相关。磷钇矿的络阴离子如为砷酸根置换，则为砷钇矿 $YAsO_4$，砷钇矿见于江西。磷钇矿的络阴离子如为钒酸根置换，则为钒钇矿 YVO_4，但钒钇矿在我国还未找到。

白云鄂博的水磷铈矿为氧化带中的稀少矿物。江西寻乌火山岩风化带的水磷镧矿，可能为表生成因，矿物化学组成中除含镧最高外，钕量大于铈，很有意义。

磷铝铈矿见于湘西湘中重砂矿物样中，矿物属三方晶系菱面体晶体。在普通造岩矿物磷灰石中，有的含有稀土，含稀土的磷灰石是某些磷矿石中的主要稀土矿物。

复酸盐类稀土矿物中，有磷酸碳酸盐类中的大青山矿，该矿物具碳钙镁石 $CaMg_3(CO_3)_4$ 的结构。大青山矿发现于白云鄂博矿床中不是偶然的，因为那里的稀土碳酸盐矿物和稀土磷酸盐矿物特别多，两种酸根有结合的条件，但要弄清大青山矿产生的原因，仍需进行野外调查和室内实验工作的证实。

还有磷酸硅酸盐类中的铈硅磷灰石、钇硅磷灰石以及硼酸硅酸盐类中的硼硅钇钙石。这些矿物的产地不多，但都有产出地点，详细研究它们产出的地质条件，可获得更多的矿物成因信息。特别是对于钇硅磷灰石的产状研究，更具重要的理论意义和经济意义。

硅酸盐类中的稀土矿物有硅铍钇矿、兴安矿以及中酸性火成岩中的一般常见副矿物等。

硅铍钇矿与兴安矿可共生，但兴安矿中缺铁，少铍，而多铈，并含羟基。硅铍钇矿含铁高，铈少，不含羟基。硅硼钙石 $CaBSiO_4(OH)$ 中的硼为铍置换，Ca 为稀土置换，则为兴安矿。硅铍钇矿在中国分布很广，许多地质条件下都可形成。硅铍钇矿、硅硼钇矿和兴安矿 3 种矿物结构相似，只是前者变生，后两者不变生，推其原因，可能是前者含氧化钍具放射性。

广泛分布于花岗岩中的榍石是一种含稀土的矿物，特别是在华南花岗岩中，榍石风化后成为白钛石，而稀土游离出来。褐帘石是铝的硅酸盐类稀土矿物，各种内生地质作用下均可生成。褐帘石是变生矿物，其变生程度不一。产于内蒙古集宁一带古老伟晶岩中的褐帘石，已全部变生，而白云鄂博矿区东部矽卡岩中的褐帘石，则未曾变生，但赣南一带的花岗岩体中的褐帘石，则处于半变生状态，它是花岗岩风化壳中离子型稀土矿提供稀土来源的主要矿物之一。

在火成岩副矿物的锆石中，大都含有稀土，含量多少不定，可达百分之几。钍石矿物中也含稀土，例如，白云鄂博钠辉石型矿石中的铁钍石，就含少量稀土。

钛硅酸盐类中的稀土矿物有：硅钛铈矿、钛硅铈矿、层硅铈钛矿、赛马矿等。

硅钛铈矿产地很多，湖北庙垭石英正长岩中的富铁变种，含 Fe_2O_3 7.08%，FeO 10.5%。钛硅铈矿见于白云鄂博东矿体中，层硅铈钛矿产于辽宁赛马碱性岩体中，该地还产出赛马矿，赛马矿的晶体结构与硅钛铈矿类似而与钛硅铈矿同型，故也可将赛马矿理解为富锶的钛硅铈矿。

4.1.4　中国主要稀土矿物种类及其稀土含量

（1）氟化物类有 2 种。

1）氟铈矿　　　　　　(Ce, La)F_3　　　　　　等轴晶系　RE_2O_3 约 80%

2）钇萤石　　　　　　(Ca, Y)F_2　　　　　　等轴晶系　RE_2O_3 n%

（2）简单氧化物类有 2 种。

1）方铈石　　　　　　CeO_2　　　　　　　　等轴晶系　CeO_2 约 90%

2）含铌、铁和稀土　　(Ti, Nb, Fe, RE)O_2　四方晶系　RE_2O_3 n%
　的锐钛矿

（3）复杂氧化物类有 2 种。

1）含稀土的钙钛矿　　$CaTiO_3$　　　　　　　假等轴晶系 RE_2O_3 n%

2）铈铌钙钛矿　　　　(Ce, Na, Ca)$_2$(Ti, Nb)$_2O_6$　假等轴晶系 RE_2O_3 约 30%

（4）钽铌酸盐类有 25 种。

1）褐钇铌矿　　　　　$YNbO_4$　　　　　　　四方晶系　RE_2O_3 约 40%

2) 单斜褐钇铌矿 $YNbO_4$ 单斜晶系 RE_2O_3 约50%

3) 铈褐钇铌矿 $CeNbO_4$ 四方晶系 RE_2O_3 约46%

4) 单斜铈褐钇铌矿 $Ce(Nb, Ti)(O, OH)_4$ 单斜晶系 RE_2O_3 约48%

5) 钕褐钇铌矿 $(Nd, Ce)(Nb, Ti)(O, OH)_4$ 四方晶系

6) 单斜钕褐钇铌矿 $(Nd, Ce)NbO_4$ 单斜晶系 RE_2O_3 约50%

7) 黄钇钽矿 $YTaO_4$ 单斜晶系 RE_2O_3 约30%

8) 铈易解石 $(Ce, Nd)(Ti, Nb)_2(O, OH)_6$ 斜方晶系 RE_2O_3 约35%

9) 钇易解石 $Y(Ti, Nb)_2(O, OH)_6$ 斜方晶系 RE_2O_3 约30%

10) 富钕钆镝的钇易解石 $(Y, Nd, Gd, Dy)(Ti, Nb)_2(O, OH)_6$ 斜方晶系 RE_2O_3 约30%

11) 含钽的易解石 $(Ce, Nd, RE, Ca)(Ti, Nb, Ta, Fe)_2O_6$ 斜方晶系 RE_2O_3 约35%

12) 钕易解石 $(Nd, Ce, Ca, Th)(Ti, Nb, Fe^{3+})_2(O, OH)_6$ 斜方晶系 RE_2O_3 30%~40%

13) 富钛的钕易解石 $(Nd, Ce, Sm, Th, Mg, Fe^{2+})(Ti, Nb, Fe^{3+})_2(O, OH)_6$ 斜方晶系 RE_2O_3 33%~38%

14) 铈铌易解石 $(Ce, Nd, Ca)(Nb, Ti, Fe^{3+})_2(O, OH)_6$ 斜方晶系 RE_2O_3 约30%

15) 钕铌易解石 $(Nd, Ce, Ca)(Nb, Ti, Al, Fe^{3+})_2(O, OH)_6$ 斜方晶系 RE_2O_3 约30%

16) 富钛的钇易解石 $Y(Ti, Nb, Al)_2(O, OH)_6$ 斜方晶系 约30%

17) 黑稀金矿 $(Y, Ca, Ce, U, Th)(Nb, Ta, Ti)_2O_6$ 斜方晶系 RE_2O_3 约25%

18) 复稀金矿 $(Y, Ca, Ce, U, Th)(Ti, Nb, Ta)_2O_6$ 斜方晶系 RE_2O_3 约30%

19) 铌钙矿 $(Ca, Ce, Na)(Nb, Ta, Ti)_2(O, OH, F)_6$ 斜方晶系 RE_2O_3 约10%

20) 钶钇矿（铌钇矿） $(Y, Ca, U, Fe^{3+})_3(Nb, Ta, Ti)_5O_{16}$ 单斜晶系 RE_2O_3 约20%

21) 钛铀矿 $(U, Ca, Th, Y)(Ti, Fe)_2O_6$ 单斜晶系 RE_2O_3 $n\%$

22) 铁铀铌钇矿 $(U, Fe, Y, Ca)(Nb, Ta)O_4$ 斜方晶系 RE_2O_3 $n\%$

23) 含钇烧绿石 $(Ca, Na, Y)_2Nb_2O_6(OH, F)$ 等轴晶系 RE_2O_3 $n\%$

24) 含铈烧绿石 $(Ca, Na, Ce)_2Nb_2O_6(OH, F)$ 等轴晶系 RE_2O_3 $n\%$

25) 含稀土的细晶石 $(Ca, Na, RE)_2Ta_2O_6(O, OH, F)$ 等轴晶系 RE_2O_3 $n\%$

（5）碳酸盐类有4种。

1) 碳铈钠石 $(Ca, Sr, Ce, Na)(CO_3)$ 斜方晶系 RE_2O_3 22%~26%

2) 富钙的碳锶铈矿 $(Sr, Ca)Ce(CO_3)_2(OH) \cdot H_2O$ 斜方晶系 RE_2O_3 46%~49%

3) 黄菱锶铈矿 $(Na, Ca)_3(Sr, Ba, Ce)_3(CO_3)_5$ 六方晶系 RE_2O_3 12.53%

4) 铈镧石 $(Ce, La)_2(CO_3)_3 \cdot 8H_2O$ 斜方晶系 RE_2O_3 约54%

（6）氟碳酸盐类有12种。

1) 氟碳铈矿 $(Ce, La)(CO_3)F$ 六方晶系 RE_2O_3 约70%

2）富钇的氟碳铈矿　　　　$(Ce, Y)(CO_3)F$　　　　　　　　　　六方晶系　RE_2O_3 约 63%

3）氟碳钡铈矿　　　　　　$(Ce, La)_2Ba(CO_3)_3F_2$　　　　　　六方晶系　RE_2O_3 约 49%

4）黄河矿　　　　　　　　$(Ce, La)Ba(CO_3)_2F$　　　　　　　　六方晶系　RE_2O_3 37%~40%

5）氟碳铈钡矿　　　　　　$(Ce, La)_2Ba_3(CO_3)_5F_2$　　　　　六方晶系　RE_2O_3 31%~32%

6）钕氟碳铈钡矿　　　　　$(Nd, Ce)_2Ba_3(CO_3)_5F_2$　　　　　六方晶系　RE_2O_3 31%~32%

7）中华铈矿　　　　　　　$(Ce, La)Ba_2(CO_3)_3F$　　　　　　　　　　　　　　RE_2O_3 约 24%

8）氟碳钙铈矿　　　　　　$(Ce, La)_2Ca(CO_3)_3F_2$　　　　　　六方晶系　RE_2O_3 54%~62%

9）钕氟碳钙铈矿　　　　　$(Nd, Ce)_2Ca(CO_3)_3F_2$　　　　　　六方晶系　RE_2O_3 50%~60%

10）新奇钙钇矿　　　　　　$(Y, Ce)Ca(CO_3)_2F$　　　　　　　　六方晶系　RE_2O_3 51%~52%

　　（菱氟碳钇矿）

11）白云鄂博矿　　　　　　$NaBaCe_2(CO_3)_4F$　　　　　　　　　单斜晶系　RE_2O_3 45%~50%

12）未命名新矿物　　　　　$(Ca_{0.5}Mg_{0.5})BaCe_2(CO_3)_4F$　　六方晶系　RE_2O_3 44%~48%

　　（7）磷酸盐类有 8 种。

1）独居石　　　　　　　　$(Ce, La)PO_4$　　　　　　　　　　　单斜晶系　RE_2O_3 约 70%

2）钕独居石　　　　　　　$(Nd, Ce)PO_4$　　　　　　　　　　　单斜晶系　RE_2O_3 约 70%

3）富钍独居石　　　　　　$(Ca, Ce, Th)PO_4$　　　　　　　　　单斜晶系　RE_2O_3 约 20%

4）磷钇矿　　　　　　　　YPO_4　　　　　　　　　　　　　　四方晶系　RE_2O_3 约 60%

5）水磷镧矿　　　　　　　$(La, Ce)PO_4 \cdot H_2O$　　　　　　　六方晶系　RE_2O_3 约 60%

6）水磷铈矿　　　　　　　$(Ce, La)PO_4 \cdot H_2O$　　　　　　　六方晶系　RE_2O_3 约 60%

7）磷铝铈矿　　　　　　　$CeAl_3(PO_4)_2(OH)_6$　　　　　　　　三方晶系　RE_2O_3 约 31%

8）含稀土的磷灰石　　　　$Ca_5(PO_4)_3F$　　　　　　　　　　　六方晶系　RE_2O_3 可达 10%

　　（8）砷酸盐类有 1 种。

1）砷钇矿　　　　　　　　$YAsO_4$　　　　　　　　　　　　　　四方晶系　RE_2O_3 52%~54%

　　（9）复酸盐类有 3 种。

1）大青山矿　　　　　　　$(Sr, Ca, Ba)_3(Ce, La)(PO_4)(CO_3)_{3-x}$　三方晶系　RE_2O_3 20%~21%
　　　　　　　　　　　　$(OH, F)_{2x}$

2）铈硅磷灰石　　　　　　$(Ce, Ca)_5[(Si, P)O_4]_3(OH, F)$　　六方晶系　RE_2O_3 54%~61%

3）钇硅磷灰石　　　　　　$(Y, Ca)_5[(Si, P)O_4]_3(OH, F)$　　六方晶系　RE_2O_3 54%~58%

　　（10）硅酸盐类有 8 种。

1）硅铍钇矿　　　　　　　$Y_2Fe^{2+}Be_2(SiO_4)_2O_2$　　　　　　单斜晶系　RE_2O_3 45%~50%

2）铈硅铍钇矿　　　　　　$(Ce, La, Nd, Y)_2FeBe_2Si_2O_{10}$　　　　　　　　RE_2O_3 45%~50%

3）兴安矿　　　　　　　　$(Y, Ce)Be(SiO_4)(OH)$　　　　　　　单斜晶系　RE_2O_3 约 60%

4）榍石　　　　　　　　　$CaTiSiO_5$ 或 $CaTiO(SiO_4)$　　　　单斜晶系　RE_2O_3 n%

5) 褐帘石 $Ca(Ce,Ca)Al(Al,Fe)(Fe,Al)$ 单斜晶系 RE_2O_3 10%~30%
$(SiO_4)_3(OH)$

6) 含稀土的锆石 $ZrSiO_4$ 四方晶系 RE_2O_3 约10%

7) 含稀土的钍石 $ThSiO_4$ 四方晶系 RE_2O_3 $n\%$

8) 铁钍石 $(Th,Fe,Ca,Ce)[(Si,P)(O,$ 四方晶系 RE_2O_3 $n\%$
$OH)_4]\cdot nH_2O$

（11）钛硅酸盐类和锆硅酸盐类有 6 种。

1) 硅铈钛矿 $(Ca,Ce,Th)_4(Fe^{2+},Mg)_2(Ti,$ 单斜晶系 RE_2O_3 38%~44%
$Fe^{3+})_3Si_4O_{22}$

2) 富铁的硅钛铈矿   单斜晶系 RE_2O_3 36.26%

3) 钛硅铈矿 $(Ca,Ce,Th)_4(Mg,Fe^{2+})_2(Ti,$ 单斜晶系 RE_2O_3 约40%
$Fe^{3+})_3Si_4O_{22}$

4) 层硅铈钛矿 $NaCaCeTi[Si_2O_7](F,OH)_4$ 三斜晶系 RE_2O_3 22%

5) 赛马矿 $(Sr,Ce,La)_4Fe(Ti,Zr)_2Ti_2O_8$ 单斜晶系 RE_2O_3 17.63%
$(Si_2O_7)_2$

6) 异性石 $Na_4(Ca,Ce)_2(Fe^{2+},Mn^{2+},Y)ZrSi_8O_{22}(OH,$ 三方晶系 RE_2O_3 $n\%$
$Cl)_2$ 或 $Na_6ZrSi_6O_{18}Cl$

（12）硼硅酸盐类有 1 种。

1) 硼硅钇钙石 $(Ca,Y)_6(Al,Fe^{3+})Si_4B_4O_{20}(OH)_4$ 单斜晶系 RE_2O_3 约38%

4.2 中国稀土矿物学研究主要成果述评

4.2.1 引言

经过数十年调查研究，迄今为止，我国已知稀土矿物百余种，对它们研究程度深浅不一，大部分研究较详细，物理化学测试数据较多，如矿物化学组成、物理性质、产状和共生组合，多均有定性定量数值可循。有的则研究程度一般或较差，有待深入研究和测定。

我国已知的这百余种稀土矿物分别属于氟化物类、氧化物类、钽铌酸盐类、碳酸盐类、氟碳酸盐类、磷酸盐类、砷酸盐类、磷酸碳酸盐类、磷酸硅酸盐类、硅酸盐类、钛硅酸盐类、锆硅酸盐类和硼硅酸盐类矿物。

在这百余种稀土矿物中，分布比较广泛的有硅酸盐类矿物中的褐帘石、硅铍钇矿和硅钛铈矿，磷酸盐类矿物中的独居磷灰石和磷钇矿，磷酸硅酸盐类矿物中的铈硅磷灰石和钇硅磷灰石，氟碳酸盐类矿物中的氟碳铈矿和氟碳钙铈矿，氧化物类矿物中的易解石族，褐钇铌矿族和黑稀金矿族矿物等。

稀土矿物的产出受地质作用的控制，这些分布较广的稀土矿物产出特点是产出的条件范围较宽，矿物在岩浆期，岩浆期后的各热液阶段，伟晶岩期，以及各种变质作用条件下均可产出，故在我国产地很多，产状也各式各样。

在分布较广泛的稀土矿物中，分布广泛的程度明显受控于稀土地球化学规律和稀土矿物晶体化学规律的支配，前者决定于稀土在地壳中的卡度（即克拉克值），后者决定于稀土在矿物晶体中的作用，例如：铈褐帘石分布多，钇褐帘石分布少；铈氟碳铈矿分布多，钇氟碳铈矿分布少。这显然是地球化学规律起主导作用。又如，铈硅铍钇矿分布少，钇硅铍钇矿分布多。铈褐钇铌矿分布少，钇褐钇铌矿分布多，这显然是晶体化学规律起主导作用。再如，独居石分布多，磷钇矿分布亦多，铈易解石分布多，钇易解石分布亦多。这显然是地球化学规律和晶体化学规律同时起了主导作用。

4.2.2　中国稀土矿物学研究十大成果

第一，发现 18 种稀土新矿物和许多稀土矿物新变种和亚种。这 18 种稀土新矿物分别为：

（1）氟碳酸盐类稀土新矿物有 7 种。

1）黄河矿　　　　　　　　　　$Ba(Ce, La, Nd)(CO_3)_2F$

2）氟碳铈钡矿　　　　　　　　$Be_3Ce_2(CO_3)_5F_2$

3）钕氟碳铈钡矿　　　　　　　$Be_3(Nd, Ce)_2(CO_3)_5F_2$

4）钕氟碳钙铈矿　　　　　　　$(Nd, Ce)_2Ca(CO_3)_3F_2$

5）中华铈矿　　　　　　　　　$Ba_2(Ce, La, Nd)(CO_3)_3F$

6）白云鄂博矿　　　　　　　　$NaBaCe_2(CO_3)_4F$

7）未命名新矿物　　　　　　　$(Ca_{0.5}Mg_{0.5})BaCe_2(CO_3)_4F$

（2）钽铌酸盐类稀土新矿物有 4 种。

1）铈褐钇铌矿　　　　　　　　$(Ce, La, Nd, RE, Th)(Nb, Fe)O_4$

2）钕褐钇铌矿　　　　　　　　$(Nd, Ce, RE, Fe)(Nb, Ti)(O, OH)_4$

3）单斜铈褐钇铌矿　　　　　　$(Ce, RE)(Nb, Al)(O, OH)_4$

4）单斜钕褐钇铌矿　　　　　　$(Nb, Ce)NbO_4$

（3）偏钛钽铌酸盐类稀土新矿物有 3 种。

1）钕易解石　　　　　　　　　$(Nd, Ce, Ca, Th)(Ti, Nb, Fe^{3+})_2(O, OH)_6$

2）铈铌易解石　　　　　　　　$(Ce, Nd, Ca)(Nb, Ti, Fe^{3+})_2(O, OH)_6$

3）钕铌易解石　　　　　　　　$(Nd, Ce, Ca)(Nb, Ti, Al, Fe^{3+})_2(O, OH)_6$

（4）磷酸碳酸盐类稀土新矿物有 1 种。

1) 大青山矿　　　　　　　　　$Sr_3RE(PO_4)(CO_3)_{3-x}(OH, F)_{2x}$

（5）硅酸盐类稀土新矿物有 2 种。

1) 铈兴安矿　　　　　　　　　$(Ce, RE)BeSiO_4(OH)$

2) 钇兴安矿　　　　　　　　　$(Y, RE)BeSiO_4(OH)$

（6）钛硅酸盐类稀土新矿物有 1 种。

1) 赛马矿　　　　　　　　　　$(Sr, Ce, La)_4Fe(Ti, Zr)_2Ti_2O_8(Si_2O_7)_2$

第二，精确测定了几种稀土新矿物的晶体结构并得出一些稀土矿物晶体化学的规律，对黄河矿、氟碳铈钡矿等稀土新矿物的晶体结构进行了精测，纠正了黄河矿、氟碳铈钡矿的原定空间群，对稀土、钡、钙等大阳离子配位多面体的晶体化学作用进行探讨，发现这类稀土矿物的许多结构多型，并发现其共晶格取向连生的规律性。

第三，发现和创立了黄河矿晶变系列。黄河矿发现后，随之又发现了氟碳铈钡矿和中华铈矿，并创立了钡稀土氟碳酸盐矿物系列，与钙稀土氟碳酸盐矿物系列一样，都属于矿物的晶变系列。与此同时，还发现钠、钙、锶、稀土氟碳酸盐矿物的类质同象置换系列，探讨了等价和异价阳离子类质同象置换的规律。

第四，建立充实和丰富了易解石族矿物。易解石族矿物在我国有广泛分布，在易解石族矿物名单上增加了许多新种，其中除铈易解石、钕易解石、钇易解石外，有铈铌易解石和钕铌易解石，还有许多新变种，如震旦矿和钛钇矿等，前者富钍和铀，后者富钛和钇，钛在易解石中含量很大，以此决定着矿物的命名。

第五，建立、充实和丰富了褐钇铌矿族矿物。褐钇铌矿又称褐钇钶矿，是分布广泛的稀土铌酸盐矿物，铈褐钇铌矿的发现，特别是钕褐钇铌矿的发现，以及它们相应的单斜相的发现，大大扩充了褐钇铌矿族成员的阵容。

第六，发现并鉴定出许多富钕的稀土矿物。稀土矿物多以富铈或富钇著称，经过研究，中国稀土矿物大多为富钕新种和变种，如钕易解石、钕褐钇铌矿、钕独居石以及富钕褐帘石等。

第七，发现铈硅磷灰石和钇硅磷灰石的多种产地和产状。铈硅磷灰岩和钇硅磷灰石是具磷灰石结构的稀土硅酸盐矿物，在我国有许多产地和产状，凤凰石是铈硅磷灰石的富钍变种，微山湖矿乃是铈硅磷灰石，而非钙硅铈石，钙硅铈石中应无（PO_4）而微山湖矿中有（PO_4）。

第八，发现硅钛铈矿的多种产地和产状。硅钛铈矿在我国产地很多，湖北庙垭产出有富铁变种，硅钛铈矿与钛硅铈矿产出于白云鄂博地区，但产状有别，前者产出于花岗岩与白云岩的接触变质带上，后者则产出于铁矿体的热液脉中。

第九，确立变生矿物学为矿物学中的一个分支。发现并确定了矿物结晶蜕变程度的多样化，并探索其原因，完全结晶蜕变的天然矿物给矿物鉴定和研究增添了困难，它们的晶体结构物难以测定，巴彦淖尔盟（简称巴盟）和四川的全晶质钇易解石的发现，给矿物晶体的测定创造了可能，半晶质和非晶质的变生矿产物也发现多处，经研究后证实，变生矿物的变生程度的深浅与矿物化学组成中的放射性元素（铀、钛）含量关系密切，铀、钛含量多的易解石（震旦矿），变生程度烈，钍含量多的铈硅磷灰石（凤凰石），变生程度也烈。

白云鄂博地区，但产状有别，前者产出于花岗岩与白云岩的接触变质带上，后者则产出于铁矿体的热液脉中。

第十，发现稀土的次生富集规律，并查明了离子型稀土矿原生矿物和载体矿物以及成矿机理褐帘石等原生稀土矿物的风化分解，提供了离子型稀土矿的物质来源，长石等造岩矿物的风化分解，就地形成了高岭石，埃洛石等黏土矿风化层，它们作为稀土离子的载体矿物，适宜的气候水文条件，提供了稀土次生富集的可能，从而形成了稀土次富集的离子型稀土矿。

以上是我国稀土矿物的主要特征，这些特征反映了我国特有的地质条件和成矿作用，对这些特征的发现、研究及其理论阐述，也正是我国矿物学家对稀土矿物学研究的主要贡献。

复习思考题

4-1 中国稀土的矿物有哪些特征？

4-2 中国主要稀土的矿物有哪些种类？

4-3 中国稀土矿物学研究有哪些成果？

矿物研究的常用测试技术

近代物理学的发展使得新的测试技术不断涌现，它们已成为矿物鉴定分析中很重要的常规手段，为此，本章将对 X 射线衍射分析、透射电镜、扫描电镜、电子探针、俄歇电子能谱分析及热分析技术等做必要的说明。

5.1　电子与固体物质的相互作用

近 20 年来，随着扫描电镜、透射电镜、电子探针、俄歇电子能谱仪、X 射线光电子能谱仪等现代分析仪器的发展，促进了电子、X 光子等辐射粒子与物质相互作用的研究。本节针对电子与物质相互作用的基本物理过程、电子与物质相互作用产生的各种信号、信号特点及其在电子显微分析与物相分析中的应用做概要介绍。

5.1.1　电子与物质的作用过程

5.1.1.1　电子散射

当一束聚焦电子束沿一定方向射入试样内时，在试样中原子库仑电场作用下，入射电子的运动方向发生了改变，这个过程称为电子散射。根据原子对入射电子散射方式的不同，可将其分为原子核对电子的弹性散射、原子核对电子的非弹性散射和核外电子对电子的非弹性散射。

A　原子核对电子的弹性散射

所谓电子的弹性散射，是指入射电子只改变运动方向，而电子能量大小基本没有变化。当 1 个入射电子从距离为 r 处通过原子序数为 Z 的原子核库仑电场时，它将发生散射，由于原子核的质量远远大于电子质量，电子散射后只改变方向而不损失能量，因此电子受到的散射属于弹性散射，根据卢瑟福的经典散射模型，电子弹性散射角 α 的大小为：

$$\alpha = \frac{Ze^2}{E_0 r} \tag{5-1}$$

式中，E_0 为入射电子的能量，eV。

由式（5-1）可知，试样原子序数（Z）越大，入射电子能量（E_0）越小，距核的距离（r）越近，散射角（α）越大。弹性散射电子由于其能量等于或接

近于入射电子能量 E_0，因此是透射电镜中成像和衍射的基础。

B　原子核对电子的非弹性散射

所谓电子的非弹性散射，是指电子不仅改变了原来的运动方向，而且能量也有不同程度的减少，速度有所减缓，能量的损失量转变为热、光、X 射线和二次电子发射等。如果入射电子损失的能量 ΔE 转变为 X 射线，它们之间的关系是：

$$\Delta E = h\nu = \frac{hc}{\lambda} \tag{5-2}$$

式中，h 为普朗克常数；c 为光速；ν 和 λ 分别为 X 射线的频率和波长。

从式（5-2）中可看出，电子能量损失越大，X 射线的波长越短。由于电子非弹性散射的能量损失不是固定的，所产生的 X 射线的波长也是连续可变的，这种无特征波长 X 射线的产生过程称为连续辐射和韧致辐射，产生的 X 射线称为连续 X 射线。在劳厄法的单晶定向时，可以用连续 X 射线所产生的衍射斑来测定晶面符号，但在衍射仪法用特征 X 射线来测定粉晶和多晶的物相组成时，如果不把连续 X 射线滤掉，就会在 X 射线谱上产生连续背影，从而影响分析的灵敏度和准确度。

C　核外电子对入射电子的非弹性散射

入射电子与原子核外电子的碰撞为非弹性散射。由核外电子引起入射电子产生非弹性散射的机制主要有：

（1）单电子激发。入射电子与原子核外电子碰撞，将核外电子激发到能量较高的空能级或者脱离原子核成为二次电子，这一过程称为单电子激发。由于产生了二次电子，使原子变成离子，此过程称为电离。

入射电子在试样内产生二次电子的过程是个级联过程，也就是说入射电子产生的二次电子还有足够的能量继续产生下一个二次电子，如此继续下去，直到最后二次电子的能量很低，不会再产生为止。一个能量为 20keV 的入射电子，在硅中可以产生 3000 个二次电子，但并不是所有产生的二次电子都能逸出试样表面成为信号，主要是由于二次电子的能量很低（50eV），如果从试样内逸出需要克服的阻力则更大，逸出较困难。因此二次电子一般在距试样表面 10nm 的层内产生，且能克服几个电子伏特逸出功的电子才有可能逸出到达表面。二次电子的主要特点是对试样表面状态非常敏感，因此显示表面微区的形貌非常有效。二次电子像的分辨率较高，是扫描电镜中的主要成像手段。

入射电子使原子核外电子激发成为自由电子（二次电子），主要是原子核中的价电子被激发。由于价电子与原子核的结合能较小，而内层电子的结合能则较大，要使核外电子成为自由电子，至少要使核外电子克服其结合能。因此价电子激发的概率远远大于内层电子的激发概率。一个能量高的入射电子被样品吸收时，可以在样品中产生许多自由电子，其中价电子的电离占电离总数的 90%，所以样品中被检测的二次电子绝大部分是来自于价电子。价电子激发使入射电子主要产生小角度散射，内层电子激发可引起入射电子的大角度散射。

（2）等离子激发。晶体可看成是处于固定结点位置上的正离子和弥散在整个晶体空间的价电子云所组成的中性体，或者说是等离子体。当入射电子经过晶体时，入射电子会引起价电子的集体振荡。如图 5-1 所示，在入射电子路径旁的价电子与入射电子相斥而作径向发散运动，从而在入射电子路径的附近产生带正电的区域及较远处产生带负电的区域，瞬时破坏了那里的电中性。该两区域的静电作用又使负电区域多余的价电子向正电区域运动，当运动超过平衡位置后，负电区变为正电区，如此往复，这种纵波式的往复振荡是许多原子的价电子共同参与的结果，故称为价电子的集体振荡。价电子的这种集体振荡的角频率是 ωp，振荡能量 ΔE_p 是量子化的：

$$\Delta E_p = \frac{h}{2\pi}\omega p \qquad (5-3)$$

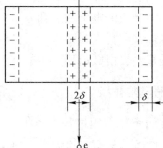

图 5-1 入射电子引起价电子集体振荡

这种能量量子称为等离子。等离子的波长较长，一般超过 100nm，动量很小；入射电子的波长很短，能量为 100keV 时波长仅 0.0037nm，动量很大，所以激发等离子后不会引起大角度散射。因入射电子激发等离子后损失的能量 ΔE_p 是固定值，且随不同元素成分而异，因此该能量损失又称为特征能量损失，损失能量后的电子又称为特征能量损失电子。在透射电镜中可用电子能量损失谱进行成分分析，也可选择特征能量损失电子来成像。

（3）声子激发。晶格振动的能量也是量子化的，它的能量量子称为声子，其值为 $\frac{h}{2\pi}\omega$（ω 为晶格振动的频率），其最大值为 0.03eV。热运动很容易激发声子，所以入射电子与试样作用引起能量损失产生热量而导致样品的晶格振动。在常温下固体中声子很多，声子波长可以小到零点几个纳米，比等离子振荡波长小两三个数量级，因此声子的动量可以相当大。入射电子和晶格作用可以看作是电子激发声子或吸收声子的碰撞过程，碰撞后入射电子的能量变化甚微，但动量改变可以相当大，即可以发生大角度的散射。

5.1.1.2　内层电子激发后的弛豫过程

当内层电子被运动的电子轰击脱离了原子后，原子处于高度激发状态，它将跃迁到能量较低的状态，这种过程称作弛豫过程。弛豫过程可以是辐射跃迁，即在电子跃迁过程中产生特征 X 射线（标识 X 射线）；也可以是非辐射跃迁，即在电子跃迁时释放的能量产生俄歇电子发射，这些过程都具有特征能量。特征 X 射线的波长与原子序数的关系是：

$$\lambda \propto \frac{1}{(2 - \sigma)^2} \tag{5-4}$$

式中，σ 为常数。对应于每个元素，都有特定的 X 射线波长 λ。根据试样特征 X 射线可进行 X 射线衍射分析和电子探针的微区分析；根据俄歇电子能谱，可作样品的表面微区分析。

5.1.1.3　自由载流子

当能量较高的入射电子照射到半导体、磷光体和绝缘体上时，不仅可使内层电子激发产生电离，还可使满带中的电子激发到导带中去，这样就在满带和导带产生大量空穴和电子，这些空穴和自由电子称为自由载流子。阴极荧光、电子束电导和电子束伏特效应都是这些自由载流子产生的。

5.1.2　产生的各种物理信号及其作用

在入射电子与固体物质的相互作用过程中产生的物理信号，有背散射电子、透射电子和吸收电子等初次电子，还有二次电子、俄歇电子以及 X 射线、阴极荧光、电子束电导及电子电动势等，图 5-2 所示是入射电子束与固体样品作用后产生各种物理信号的示意图，图 5-3 所示是电子束作用下固体样品所发射的各种电子的数量（强度）及能量大小的示意图。

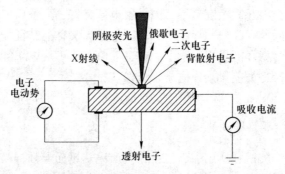

图 5-2　入射电子束轰击样品产生的信息

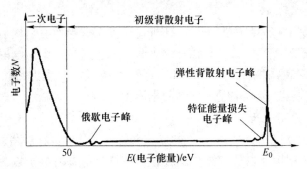

图 5-3　电子束作用下固体样品发射的电子能谱

（入射电子能量为 E_0）

5.1.2.1　背散射电子

电子射入试样后，受到原子的弹性和非弹性散射。有一部分电子的总散射角大于 90°。因此它会重新从试样表面逸出，这种电子称为背散射电子，这个过程称为背散射。按入射电子的散射性质和受到散射的次数，将背散射电子进一步分为弹性背散射电子、单次非弹性背散射电子和多次非弹性背散射电子。如果在试样上方安放一个接收电子的探测器，可探测出不同能量的电子数目。由图 5-3 可知，背散射电子能量较高，大多数背散射电子的能量等于或接近于入射电子的能量（E_0）。习惯上，一般把电子能量大于 50eV 的电子归入背散射电子（俄歇电子除外）。背散射电子的数量与成分密切相关，它随样品中元素原子序数的增大而增加。在扫描电镜和电子探针仪中应用背散射电子成像，称为背散射电子像。根据背散射电子像的衬度（明暗程度）可以得出一些元素的定性分布情况。背散射电子像的分辨率较低。

5.1.2.2　二次电子

在单电子激发过程中被入射电子轰击出来的核外电子，称为二次电子。二次电子主要是由原子核外结合能较低的价电子摆脱原子核的束缚后所形成的自由电子。二次电子是从距样品表面 10nm 左右深度被激发出来的低能量电子。从图 5-3 看出，二次电子的能量一般小于 50eV，大部分在 2~3eV 之间。习惯上把在样品上方检测到的，能量低于 50eV 的自由电子叫作"真正"二次电子，而把能量高于 50eV 的电子叫作初级背散射电子（包括弹性和非弹性背散射电子以及特征能量损失电子）。显然这样分类是不很严格的，例如有些入射电子经历多次的非弹性散射后，虽从样品表面反射回来，但能量已低于 50eV，这些电子并不是真正的二次电子，只是无法区分而被混同于二次电子；又如那些具有特征能量的俄歇电子，能量大多在 50eV 以上，照理也不应该称为初级背散射电子。由于二次电子对试样表面的形貌很敏感，而且二次电子像的分辨率较高，因此二次电子像是扫描电镜的主要成像手段。

5.1.2.3　吸收电子

随着入射电子与样品中原子核或核外电子发生非弹性散射次数的增多，其能量和活动能力不断降低以致最后被样品吸收。如果通过一个高电阻或高灵敏度的电流表（如纳安表）把样品接地，那么在高电阻或电流表上将检测到样品对地的电流信号，这就是吸收电子或样品的电流信号。

5.1.2.4　透射电子

如果样品的厚度比入射电子的有效穿透深度（或全吸收厚度）小得多，将有相当数量的入射电子能够穿透样品并被装在样品下方的电子检测器所检测，这种电子称为透射电子。透射电子是由直径很小（通常小于10nm）的高能入射电子束照射样品微区时产生的，透射电子信号的强度取决于样品微区的厚度、成分、晶体结构与位向，透射电子的主要组成部分是弹性散射电子，能量为 E_0，如果试样较厚则有相当一部分是非弹性散射电子。透射电子主要用于透射电子显微镜的成像。

5.1.2.5　俄歇电子

俄歇电子是指从距样品表面小于1nm深度范围内发射的并具有特征能量的二次电子。它的形成是由于原子受入射电子作用使内层电子被激发形成了1个空位，较外层电子为了填补这个空位而发生跃迁并释放一定能量，另外1个较外层电子接受了原子释放的能量进一步被激发而成为具有特征能量的自由电子，即成为俄歇电子。俄歇电子具有特征能量，以 KL_2L_2 俄歇电子为例，假设 E_{L_2} 能级有2个电子，其中有1个 L_2 层电子发生跃迁到 K 层位置，释放能量为 $(E_K-E_{L_2})$，另外1个 L_2 层电子接收了跃迁时释放的能量受激发而成为俄歇电子，则该俄歇电子的特征能量为：

$$E_{KL_2L_2} = E_K - E_{L_2} - E_{L_2} - E_W \tag{5-5}$$

式中，E_W 为逸出功，即样品内的 L_2 层电子逸出表面层成为自由电子所必须消耗的能量。对于大多数物质来说，E_W 一般为几个电子伏特。

俄歇电子能量一般为 $50\sim1500\text{eV}$，随不同元素、不同跃迁类型而异，它在固体中的平均自由程非常短。例如碳的 KL_2L_2 俄歇电子能量为267eV，它在银中的平均自由层只有0.7nm。在样品较深区域产生的俄歇电子，向表面层运动时会因不断碰撞而损失能量，使其失去具有特征能量的特点。因此，用于分析的俄歇电子信号主要来自样品表层2~3个原子层，即表层1nm左右的深度。这说明俄歇电子信号适用于表层化学成分分析。

1个原子中至少要有3个以上的电子才能产生俄歇效应，氢和氦只有1个电子层，不能产生俄歇效应。1个孤立的锂原子虽有3个电子，但 L 层只有1个电子，也不能产生俄歇效应，所以对于孤立的原子来说，铍是产生俄歇效应的最轻元素。

综上所述，如果使样品接地保持电中性，那么入射电子激发固体样品产生的 5 种电子信号强度与入射电子强度之间的关系必然满足以下关系：

$$I_b + I_s + I_a + I_l = I_0 \qquad (5-6)$$

式中，I_b 为背散射电子信号强度和俄歇电子信号强度；I_s 为二次电子信号强度；I_a 为吸收电子（或样品电流）信号强度；I_l 为透射电子信号强度。

或把式（5-6）改写为：

$$\eta + \delta + \alpha + \tau = 1 \qquad (5-7)$$

式中，$\eta = I_b/I_0$ 为背散射系数（包括俄歇电子产额）；$\delta = I_a/I_0$ 为二次电子产额（或发射系数）；$\alpha = I_s/I_0$ 为吸收系数；$\tau = I_l/I_0$ 为透射系数。

对于给定材料，当入射电子能量和强度一定时，随着样品厚度的增大，透射系数 τ 下降，而吸收系数 α 增大，当样品厚度超过有效穿透深度后，透射系数等于零，对于样品中同一部位的吸收系数、背散射系数和二次电子发射系数三者之间存在互补关系。

5.1.2.6 X射线

X 射线是一种电磁波，高速入射电子与样品或靶的作用可产生连续 X 射线、特征 X 射线和荧光 X 射线（二次 X 射线）。连续 X 射线是由于原子核对入射电子的非弹性散射而产生的；特征 X 射线的产生是由于内层电子受激发或电离以后原子处于激发态，由较外层电子的能级跃迁所引起的具有特征波长的电磁波辐射；荧光 X 射线的产生是由特征 X 射线及连续 X 射线所激发产生的次级特征辐射。

5.1.2.7 阴极荧光

阴极荧光是指入射电子束照射发光材料（如半导体、磷光体及一些绝缘体等）表面时，从样品中激发出来的可见光（包括红外线和紫外线）。物质显示发光能力通常与主体物质中含有浓度较低的杂质原子的存在有关，或者是物质中元素的非化学计量而产生的某种元素过剩或不足所导致的晶格缺陷，也会造成阴极荧光现象。

下面以存在杂质原子导致产生阴极荧光为例，简要说明它们产生的原因。在晶体（主体物质）掺入杂质原子，一般会在满带和导带之间的禁带产生局部能级，如图 5-4 中所示的 G 和 A 为掺入杂质原子后晶体在禁带中产生的局部能级。在基态（见图 5-4(a)）时，G 能级由价电子所占据而 A 能级则是空着的，在入射电子的激发下，产生大量的电子—空穴对，空穴被 G 能级所捕获，电子被 A 能级所捕获（见图 5-4(b)），形成图 5-4(c) 所示的激发态，它将跃迁到能量较低的状态。当电子从 A 能级跃迁到 G 能级时，释放的能量转变为可见光辐射，这就是阴极荧光。阴极荧光的波长决定于激发态和基态之间的能量差，它不但与杂质原子有关，也与主体物质有关，因此可以用阴极荧光谱线的波长（发光颜色）

和强度来鉴别主体物质和分析杂质的含量，还可以用它来成像显示杂质及晶体缺陷分布情况。

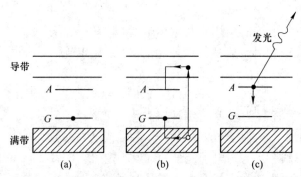

图 5-4   晶体中杂质原子激活产生阴极发光的示意图
(a) 基态；(b) 激发过程；(c) 跃迁

5.1.2.8   电子束电导和电子电动势

由上可知，在高能电子束的照射下，半导体材料会产生自由载流子。如果此时在试样两端加上外接电源建立的电位差，自由载流子将向异性电极运动，产生附加的电导，这就是电子束电导。当自由载流子在半导体的局部电场作用下各自运动到一定区域（例如 P-N 结）积累起来会形成电势差，该电势差称为电子电动势。电子束电导与半导体内的杂质和缺陷有关，而电子电动势可用来测量半导体中少数载流子的扩散长度和寿命。因此它们对半导体材料和固体电路的研究是非常重要的物理信号。

综上所述，高能电子束照射在试样上将会产生各种电子及其他物理信号，可以利用这些信号做以下分析：

（1）构成二次电子像、背散射电子像、透射电子像等，它们能显示试样的微观形貌特征，还可以利用有关信号在成像时显示元素的定性分布。

（2）从 X 射线衍射、电子衍射及衍射效应可以得出试样的物相组成及有关晶体结构的信息，如晶格类型、晶格常数、晶体取向及晶体完整性等，从而可以推断矿石的组成。

（3）进行试样的微区成分分析，可以测定直径为 1nm 以内甚至更小区域的组成成分，如电子探针 X 射线微区分析、俄歇电子能谱表面微区分析。

5.2   X 射线衍射分析

X 射线衍射法（X-ray diffraction，XRD）是测定矿石中物相组成和晶体结构的最基本方法。自从 1912 年德国物理学家劳厄利用晶体作衍射光栅成功地观察到了X射线的衍射现象以来，各国学者对各种晶体的X射线衍射图谱做了大量研究，积累了丰富的资料。现在X射衍射法在矿物的鉴定和研究方面得到了广泛应用。

5.2.1　X射线的产生和性质

5.2.1.1　X射线的本质及X射线的产生

X射线也叫伦琴射线，它是1895年德国物理学家伦琴在研究阴极射线时发现的，由于当时对它的本质不太了解，因此称它为X射线。实际上，X射线同γ射线、紫外线、可见光和红外线一样，都是属于电磁波，只不过它们各自具有不同的波长范围，我们熟知的可见光的波长大致在390～770nm之间，而X射线的波长只有0.001～10nm，但用于晶体分析的X射线，其波长为0.05～0.25nm，由此可见X射线的波长比可见光的波长要短得多。

X射线的产生是通过X射线管来完成的。X射线管示意图如图5-5所示，它是1个真空管，真空度小于10^{-6}Pa。管中有2个金属电极，阴极由钨丝卷成，阳极为某种金属（Cu、Fe、Co、Ag等）磨光面（称为靶）。当阴极钨丝通入电流加热时，钨丝周围会产生大量的自由电子。在阴极和阳极之间加上高电压（30～50kV），在强电场作用下，自由电子会向阳极高速移动，当阳极靶受到来自阴极的高速自由电子的轰击时，电子的大部分能量变为热能，一部分能量转变成由靶面射出的X射线。

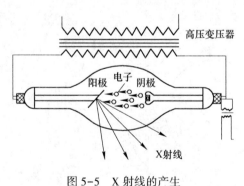

图5-5　X射线的产生

5.2.1.2　X射线的基本类型

由X射线管发射出来的X射线可分为2种类型。一种是具有连续波长的X射线，称为连续X射线，它和可见光的白光相似，又称为白色X射线或多色X射线。另一种是具有一定波长的特征X射线或标准X射线，它和可见光的单色光相似，所以也称为单色X射线。

连续X射线是由于高速运动的电子流轰击阳极靶的金属原子时发生了非弹性

散射，并有一定的能量损失，电子的能量损失转变成电磁波辐射，从而形成连续X射线。由于电子的动能转变为X射线的能量大小各异，所释放出的X射线的频率就有所不同，从而构成了一系列不同波长的连续光谱。连续X射线只用于劳厄法衍射斑的分析，在其他分析方法中它只能造成不希望有的背景。

特征X射线的形成与连续X射线有所不同，当高速运动的电子轰击金属靶时，将靶原子中的某个内层电子打到外层或脱离原子束缚，从而造成了内层电子的空位，使原子处于激发状态。此时外层电子将向内层串位跃迁，电子跃迁所释放的能量即以发射出特征X射线的形式表现出来。由于电子从一个壳层跃迁到另一个壳层，或者说从一个激发态能级跃迁到正常态能级，其能量差是一个定值，因此X射线的频率和波长也是一个定值，它们之间的关系可见式（5-2）。

图5-6所示是用壳层理论解释特征X射线的形成原理：一个原子的最内层电子层为K层，向外依次为L、M、N、O层。如果被激发的电子是K层的，那么K层电子中有1个是空缺的，所有靠近外层中的电子都可以跳回来填充（因为K层电子能量最低，也最稳定），此时发射出K系特征X射线，其中由L层向K层跃迁产生K_α射线，由M层向K层跃迁产生K_β射线；倘若是L层或M层的电子被激发就分别称为L系或M系特征X射线。L系、M系的X射线波长较容易被吸收，K系的X射线波长较短，穿透能力较强，在X射线衍射分析中应用的几乎都是K系射线。

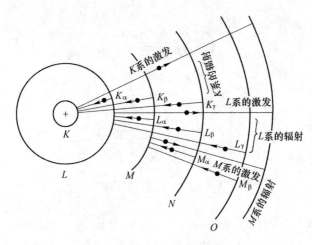

图5-6 特征X射线的光谱

在X射线衍射分析中，为了得到较单一波长的特征X射线，常常选择适当的滤波片，滤去其他波长的X射线。衍射分析时是根据使连续X射线和K_β线尽可能衰减并相应增强K_α线的强度来选择滤波片的。

5.2.1.3　X射线在物质或试样中的散射

当 K 射线与物质或试样相互作用时，会产生各种不同的复杂过程。但就能量转换而言，一束 X 射线通过物质时，它的能量可分为 3 部分，一部分被散射，一部分被吸收，一部分透过物质继续沿原来的方向传播。这里我们仅就与晶体的 X 射线衍射分析有关的散射现象做简要介绍。

所谓 X 射线的散射，主要是指 X 射线与物质中的电子发生相互作用时改变了原来的运动方向。X 射线被物质散射时，产生 2 种散射现象，即相干散射和非相干散射。

（1）相干散射。当入射 X 射线与物质发生作用时，物质中的电子受 X 射线电场的影响产生受迫振动，每个受迫振动的电子便成为新的电磁波源向空间各个方向辐射与入射 X 射线同频率的电磁波。这些新的散射波之间可以发生干涉作用，故把这种散射现象称为相干散射。因此，相干散射并不损失 X 射线的能量，而只是改变了它的传播方向。相干散射是 X 射线在晶体中产生衍射现象的基础。相干散射与物质的原子序数和 X 射线的波长有关，当波长大于 0.02nm 时，相干散射随原子序数和波长的增加而增加；当波长小于 0.02nm 时，相干散射随波长的减小而减小。在这种情况下，非相干散射起主要作用。

（2）非相干散射。当 X 射线光子与束缚力不大的外层电子或自由电子碰撞时，电子获得一部分动能成为反冲电子，X 射线光子也偏离了原来传播方向，而且能量降低，波长增大，入射 X 射线与散射 X 射线已是不同频率的电磁波，不能发生干涉作用，这种散射现象称为非相干散射，如图 5-7 所示。波长的改变与传播方向存在如下关系：

$$\Delta\lambda = \lambda_1 - \lambda = \frac{h}{m_0 c}(1 - \cos 2\theta) = 0.0243(1 - \cos 2\theta) \tag{5-8}$$

式中，h 为普朗克常数；c 为 X 射线速度；m_0 为电子静止质量；2θ 为散射线与入射线之间夹角。

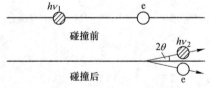

图 5-7　X射线非相干散射

由于散射后的 X 射线的波长随散射方向而变，使散射波与入射波之间不可能存在固定的位相关系，所以散射线之间不能发生干涉作用。在衍射花样中它只增加连续背影，其强度随 $\sin\theta/\lambda$ 的增加而增强。非相干散射给衍射图像带来不利的影响，特别是对轻元素，这种散射非常显著，会给衍射分析带来很大困难。

5.2.2 X射线在晶体中的衍射

5.2.2.1 X射线在晶体中的衍射现象

利用 X 射线研究晶体结构，主要是通过 X 射线在晶体中的衍射特征来实现。X 射线的相干散射是得到衍射花样的前提。当一束 X 射线照射到晶体上时，首先被电子散射，每个电子都是一个新的辐射波源，向空间辐射出与入射波同频率的电磁波。对于属于一个原子中的所有电子来说，由于它们的重心位置（或对称中心）是在原子中心，因此一个原子中的所有电子的散射波都可以近似地看作是原子中心发生的。因此，可以把晶体中每个原子都看成是一个新的散射波源，它们各自向空间辐射与入射波同频率的电磁波。由于这些散射波之间的干涉作用，使得空间某些方向上的波始终保持互相叠加，于是在这个方向上可以观测衍射线，而在另一些方向上的波则始终是互相抵消的，于是就没有衍射线产生。所以，X 射线在晶体中的衍射现象，实质上是大量原子散射波互相干涉的结果，由于 X 射线波长（0.05~0.25nm）与晶体的面网间距或结点间的距离（一般是零点几个纳米）属于同一数量级，晶体的衍射现象与可见光经过光栅后发生的衍射现象相似，因此，将散射波干涉叠加形成的花样称为衍射线或衍射花样。由于不同晶体具有不同的原子堆积形式，或者说有不同的晶体结构，那么 X 射线在晶体中做衍射实验后就会得到不同的衍射花样，通过对衍射花样的分析研究，就可以测定晶体内部的原子分布规律或晶体结构。对于非晶体来说，由于它的内部质点不呈规则排列，因此不会产生衍射现象。

5.2.2.2 布拉格方程

对 X 射线衍射现象的解释，起初用劳厄方程进行求解，但计算麻烦，很不方便，在此不做具体介绍。1912 年英国物理学家布拉格父子用比较简单的公式成功地解决了衍射方向问题，这就是著名的布拉格方程。下面介绍该公式对衍射现象的分析。

假想晶体是由一系列互相平行的晶面或原子面构成的，如图 5-8 所示。图中

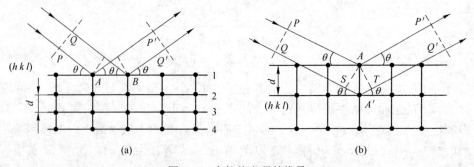

(a)   (b)

图 5-8 布拉格方程的推导

晶面垂直纸面，晶面符号（或晶面指数）为 hkl，面网间距为 d_{hkl}，简写为 d。图中阿拉伯数字 1，2，3，…为第 1，2，3，…个晶面。

首先看晶面 1 上的情况。可证明，当散射线方向满足"光学镜面反射"条件（即散射线、入射线与晶面法线共面，且在法线两侧，散射线与原晶面的夹角等于入射线与晶面的夹角）时，各原子的散射波将具有相同的位相，因而干涉加强，这是因为当满足"反射"条件时，相邻两原子 A 和 B 的散射波的光程差（δ）为零：

$$\delta = PAP' - QBQ' = AB\cos\theta - AB\cos\theta = 0$$

可见原子 A 和 B 的散射波在"反射"方向是同位相的，同样可以证明，在晶面 1 上的其他各原子的散射波也是同位相的，因此在晶面 1 上的不同原子的散射波只要满足"反射"条件时，它们都是同位相的，因此它们将互相干涉加强，形成衍射光束。

由于 X 射线具有相当强的穿透能力，它可以穿透成千上万个原子面，因此我们必须考虑各个平行的原子面间的"反射"波的相互干涉问题，图 5-8(b) 所示的 PA 和 QA'，分别为射到相邻两个晶面上的入射线，它们的反射线分别为 AP' 和 $A'Q'$，显然它们之间的光程差（δ）为：

$$\delta = QA'Q' - PAP' = SA' + A'T$$

因为 $\qquad\qquad\qquad\qquad SA' = A'T = d\sin\theta$

所以 $\qquad\qquad\qquad\qquad \delta = 2d\sin\theta$

要使相邻晶面的"反射"波彼此干涉加强形成衍射线，必须满足它们的光程差为波长的整数倍，即：

$$2d\sin\theta = n\lambda \qquad\qquad\qquad\qquad (5\text{-}9)$$

式中，n 为衍射级数，$n = 1$，2，3，…；θ 为布拉格角或称掠射角、半衍射角，通常在晶体分析中测得的是 λ 射线与衍射线之间的夹角 2θ，称为衍射角；d 为产生某一级衍射的 $\{hkl\}$ 晶面组的面间距。

式（5-9）即为布拉格方程或称 X 射线的"反射"定律。

布拉格方程是 X 射线晶体学中的一个最基本公式，当 d、θ、λ 同时满足方程式时就有衍射线产生。布拉格方程把衍射方向和晶面间距联系了起来，使我们可以用宏观测量 2θ 的办法解决晶体结构分析中微观量 d 的问题。

由于布拉格方程中包含 $\sin\theta$，而 $\sin\theta$ 的绝对值不能大于 1，因此可以导出产生衍射的极限条件。将布拉格方程改写成：

$$\sin\theta = \frac{n\lambda}{2d}$$

由于入射角只能不大于 90°，则有：

$$\frac{n\lambda}{2d} \leq 1$$

即
$$n \leqslant \frac{2d}{\lambda}$$

当 X 射线的波长和衍射晶面都选定以后，λ 和 d 值都定了。可能有的衍射级数也就确定了，所以一组晶面只能在有限的几个方向"反射" X 射线。

对于衍射而言，n 的最小值为 1，则 $\lambda \leqslant 2d$ 因此在任何可观测的 2θ 角时产生衍射的极限条件是入射 X 射线波长必须小于晶面中最大面间距的 2 倍，否则不会产生衍射现象，所以要求 X 射线波长与晶格距离之间应为同一数量级。但如果波长过短，则产生的衍射线特多而难于测量，故通常要求 X 射线的波长范围在 0.05~0.25nm 之间。

在日常工作中，为了方便，往往将晶面族（hkl）的 n 级衍射作为设想晶面族（$nhnknl$）的一级衍射来考虑。因此布拉格方程 $2d\sin\theta = n\lambda$ 且可以改写成：

$$2\left(\frac{d_{hkl}}{n}\right)\sin\theta = \lambda \tag{5-10}$$

由晶面指数的定义可知，指数为（nh, nk, nl）的晶面是与（hkl）面平行且面间距为 $\dfrac{d_{hkl}}{n}$ 的晶面族。例如晶面指数为（333）的晶面与晶面（111）平行，晶面指数为（333）的晶轴长度是 $1/3a$、$1/3b$ 和 $1/3c$，是晶面指数为（111），晶轴长分别为 a、b、c 的 1/3 倍。所以式（5-10）又可改写为：

$$2d_{nh\cdot nk\cdot nl}\sin\theta = \lambda \tag{5-11}$$

指数（nh, nk, nl）称为衍射指数，用符号（HKL）表示，与晶面指数不同之处是可以有公约数。应用衍射指数的概念后，布拉格公式中的衍射级数 n 就可以省掉了。实际上，为了书写方便，往往式（5-11）的衍射指数也省略了，布拉格公式就简化为：

$$2d\sin\theta = \lambda$$

由于布拉格方程中包含了光学反射定律的含义，因此常把某族晶面对 X 射线的衍射称之为该族晶面的反射，实际上，X 射线在晶面上的"反射"与可见光在镜面上的反射是有所不同的，因为：

（1）可见光的反射仅限于物体的表面，而 X 射线的"反射"是受 X 射线照射的所有原子（包括晶体内部）的散射线干涉加强而形成的。

（2）可见光的反射无论入射光线以任何入射角入射都会产生。而 X 射线只有在满足布拉格方程的某些特殊角度下才能"反射"，因此 X 射线的反射是选择反射。

5.2.2.3　X 射线衍射方法简介

X 射线衍射方法有劳厄法、转晶法及粉晶与多晶体研究方法。劳厄法是用连续 X 射线照射在固定的单晶体上，通过连续 X 射线在晶体中衍射所得到的透射（或背射）X 射线衍射花样来测定晶体的取向、晶体对称性及完整性。转晶法即转动晶体法是用特征X射线照射同时转动的单晶体，通过X射线在不同晶面上所得到的衍射花样特征，来测定单晶试样的晶胞常数等。劳厄法和转晶法要求单晶试样的颗粒较大，对于超细矿物（如黏土矿物等）的结构分析则在透射电镜下通过电子衍射花分析更为方便，具体测定原理与步骤将在5.3节加以讨论。粉晶及多晶体研究方法目前应用非常广泛，比较常用的测试方法有德拜照相法（或粉末照相法，简称粉晶法）和衍射仪法。所谓粉末照相法是指用照相底片来记录粉晶的衍射谱线，所谓衍射仪法是指用辐射探测器（或计数器）来记录衍射信息。粉晶法和衍射仪法都可用来对被测试样进行物相的定性和定量分析，以及晶体结构测试。粉晶及多晶体的X射线衍射方法将做进一步讨论。表5-1列出几种不同衍射方法。

表5-1　X射线衍射方法

	衍射方法	X射线波长λ	掠射角θ	实验条件
	劳厄法	变	不变	连续X射线照射固定的单晶体
	转晶法	不变	部分变化	特征X射线照射转动的单晶体
粉晶及多晶法	粉晶照相法（德拜法）	不变	变	特征X射线照射粉晶或多晶试样
	衍射仪法	不变	变	特征X射线照射多晶及粉晶或转动的单晶体

5.2.3　粉晶和多晶体的研究方法

5.2.3.1　粉晶和多晶体衍射原理

所谓粉晶是指被衍射试验的物质粉碎成 $10\sim40\mu m$（350目筛网过筛）粉末状的小颗粒，然后用黏结剂黏合或压制等办法制成的试样；而多晶体一般是指由大量小晶粒组成的未经破碎的块晶样品，例如细晶矿石、陶瓷、金属丝或金属板都是多晶体。多晶体试样中，若小晶体以完全杂乱无章的方式聚合起来，则称之为理想的无择优取向的多晶体。若小晶体聚合成多晶体时，沿某些晶向排列的小晶粒比较多或很多，则称该晶体是有择优取向的。

粉晶试样或多晶体试样从X射线衍射的观点来看，实际上与一个单晶体绕空间各个方向作任意旋转的情况相似。因此，当一束特征X射线照射到试样时，对每一晶面族（或称等同面）$\{hkl\}$ 来说，总有某些小晶体，其 $\{hkl\}$ 晶面族与入射线的方位角 θ 正好满足布拉格条件而能产生反射。由于试样中小晶粒的数目很多，满足布拉格条件的晶面族 $\{hkl\}$ 也很多，它们与入射线的方位角都是 θ，从而可以想象成是由其中的一个晶面以入射线旋转轴而得到的。于是可以看出它们的反射线将分布在一个以入射线为轴，以衍射角 2θ 为半顶角的圆锥面上，如图5-9(a) 所示。不同晶面族的衍射角不同，衍射线所在的圆锥的半顶角也就不同。各个不同晶面族的衍射线将共同构成一系列以入射线为轴的共顶点的圆锥，如图 5-9(b) 所示。

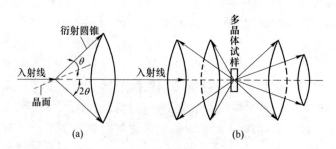

图 5-9   粉晶法中衍射线的分布

正因为粉末法中衍射线分布在一系列圆锥面上，因此当用垂直于入射线的平板底片来记录时，得到的衍射图为一系列同心圆，而若用围绕试样的圆筒底片来记录时，得到的衍射图将是一系列弧线段，如图 5-10 所示。

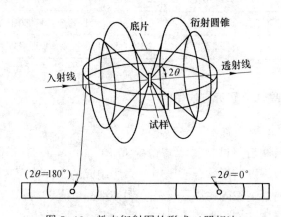

图 5-10   粉末衍射图的形成 （照相法）

5.2.3.2   粉末照相法 （德拜法）

德拜法又称为德拜-谢乐法，是粉末照相法中应用最广的一种，用此法拍摄的粉末照片叫德拜图。该方法有如下特点：

(1) 样品是多晶体粉末，粒径约 $10 \sim 40 \mu m$。将粉末粘在很细玻璃丝上，做成直径为 $0.3 \sim 0.8 mm$，长约 $15 mm$ 的粉末柱，或是将粉尘加黏结剂做成样棒。将粉末柱置于一个圆柱形的照相机轴线上。

(2) 特征 X 射线垂直粉末柱射入，粉末柱在照相过程中是旋转的。

(3) 底片为长条形，环绕粉末柱安装，如图 5-11 所示。产生的衍射线在圆柱状的底片中记录下来，展开后如图 5-12 所示。

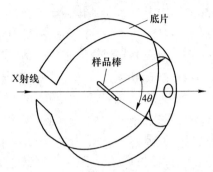

图 5-11 德拜照相时底片的安装

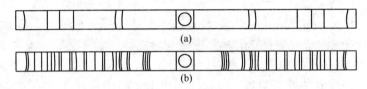

图 5-12 德拜图

（a）金刚石；（b）石墨

从图 5-11 可看出，由于晶体结构不同，德拜图上所得弧线数目、强度和距离也不相同。从粉晶衍射的照片上，可获得 2 项数据，即面网间距 d 和衍射线的相对强度 I/I_0。

德拜法中底片的安置方法有 3 种，即对称法、倒置法和不对称法，如图 5-13 所示。对称法是指底片中两侧的德拜环与入射光是对称的，底片中心的 $4\theta = 0°$，衍射角 2θ 从底片中心向两侧逐渐增加；倒置法是与对称法相反的安置方

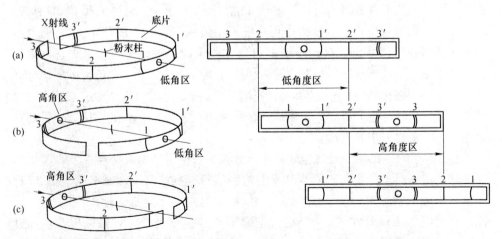

图 5-13 粉末法中底片安装的三种方法

（a）对称法；（b）不对称法；（c）倒置法

法，即底片的中心 $4\theta = 360°$，2θ 从底片中心向两侧逐渐减少；不对称法是由于底片两端的对称环与入射线是不对称的，底片两端接头处位于 $4\theta = 180°$ 附近，低角度中心 $4\theta = 0°$ 和高角度中心 $4\theta = 360°$ 分别位于底片的 1/4 和 3/4 处。

如何求面网间距 d 和衍射线的相对强度 I/I_0 呢？根据布拉格方程式 $d_{hkl} = \lambda / (2\sin\theta_{hkl})$，其中 λ 为已知，因此要测量 d 值，实际只求出 θ 值就可。由于底片的安装方法不同，测量 d 值的方法也不同。此外，还可以利用 d 尺直接获得 d 值。所谓 d 尺，就是一个刻度尺，其制作原理是当 λ 为已知，对于一定的照相机来说，某一面网间距 d 与照片上一定的弧线间距 S_x 相对应。利用 $d - S_{x/2}$ 的关系在直尺上刻上 d 值即制成 d 尺，就可用它在粉末照片上直接量出 d 值了。

在照片上测定衍射线的相对强度 I/I_0，一般是用肉眼估计，而在定量时则需要用光度计测量。肉眼估计衍射线的相对强度时，主要看弧线的黑度，同时还要注意到线的宽度及所处的背景。最常用的方法是百分制，以最强线为 100，最弱的线为 0.5，再依次从中选出一些中间强度（如 50、30 等）的线条作为标准线，然后将线条中所有的线条与标准线对比，求出它们的相对强度。也有鉴定表采用十分制的，最强为 10，最弱为 1。还有人按极强、强、中等、弱、最弱等作为粗略的划分。求出 d 值和 I/I_0 值之后，再与 PDF 卡片对比，就可确定矿物名称。

5.2.3.3　衍射仪法

衍射仪法是目前所有的 X 射线衍射方法中应用最广泛的测试方法。与德拜法相比，它具有很多优点，一是加工试样比较简单，它既适合于对粉晶试样的测试，即将粉晶试样粉磨到 74μm（200 目）以下，也可以对细晶结构的晶块进行测试，晶块大小为 1~2cm 见方，测试表面要磨平抛光；二是自动化程度比较高，它不用像德拜法那样通过测量计算之后才能得到衍射角 θ、面网间距 d 和相对强度 I/I_0 值，衍射仪中由于有数据处理系统，测试后它可以直接打印出 2θ 值及对应的 d 值和相对强度值（I/I_0），有些自动化程度较高的衍射仪，由于它内部安装了物相分析的处理程序，只要你输入了试样中有几种元素，它还可以输出试样中可能存在的物相名称；三是准确度较高，不仅适合于对样品物相组成的定性分析，也适合于做定量分析。由于衍射仪法具有方便、高效、准确等优点，目前在物相分析中主要采用此方法。

X 射线衍射仪的主要设备组成有 3 部分：具有稳定电源及稳定管流的 X 射线发生器、精密的测角仪、计数器以及由脉冲信号控制的自动记录装置。图 5-14 所示为从 X 光管射出的 X 射线，经过窄缝后，射向平面形的试样 SS' 上，符合布拉格"反射"条件的方向上，衍射线汇聚于 C 点，该处放一记录衍射强度的计数管，它把探测到的 X 射线粒子，通过计数率仪变成脉冲，经放大变成平均的电流，而电流又带动自动记录装置，记录下脉冲数（即 X 射线衍射强度）来。

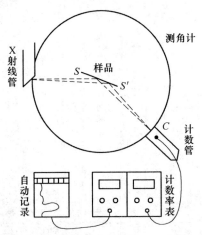

图 5-14 X射线衍射仪的基本设备示意图

在记录衍射强度的同时，位于试样台上的平面形状的样品与计数管是绕测角仪的中心轴作同步转动的，当样品转动 1°时，计数管 C 正好转动 2°，即当 SS' 转动 θ 角时，计数管 C 必须转动 2θ 角。计数管的移动方式可分为连续扫描和步进扫描 2 种，扫描方式（或移动方式）对记录下的衍射图谱质量有很大影响。

连续扫描是指计数器（或称辐射探测器）以一定角速度（有若干挡扫描速度，如每分钟 2θ 角转动 0.125°、0.25°、1°、2°、4°）在选定的角度内进行连续扫描，并把探测到的信号通过计数率仪输入到纸带记录仪，把各个角度的衍射强度记录在纸带上，画出衍射图谱并打印出各个衍射峰所处的位置（衍射角 2θ）、相应的面网间距 d 及衍射强度（I_0）和相对强度（I/I_0）等数据，从衍射图谱和打印出的数据结果中可方便地看出衍射线的峰位、线形和强度等。连续扫描速度快、工作效率高。例如，利用每分钟 4°的扫描速度，测量一个 2θ 角 20°~100°的衍射图谱（花样），只要 20min 就可以完成，所以如果要做样品的定性相分析时，一般选用连续扫描的方法。如图 5-15(a) 所示为刚玉矿物（$\alpha-Al_2O_3$）的衍射图谱，图中的横坐标代表衍射角 2θ 值，为 10°~90°，纵坐标表示衍射强度，图中有 24 个谱峰，谱峰的高低表示在一定 2θ 角时的衍射强度的大小。图 5-15(b) 所示为刚玉矿物的各种衍射数据。连续扫描测量方法也有一些缺陷，例如由于机械设备及计数率仪等的滞后效应会造成衍射信息滞后，造成衍射峰位向扫描方向移动，分辨率低及线形畸变等缺点。当扫描速度快时，这些缺点容易表现出来。

如果要使衍射峰位准确、分辨力好，可以选择步进扫描（或称阶梯扫描）的测量方法。所谓步进扫描是指以一定的角度间隔（步长）逐步移动，对衍射峰强度可以逐步测量，然后再移动一步，重复测量。测得各角位置的计数值可用打印机打印出来，还可转换成记录仪上的线形高度，画出峰形来。通常工作时，取 2θ 角的步长为 0.2°或 0.5°。步进扫描所测定的时间需较长，适合于矿物的定量分析。

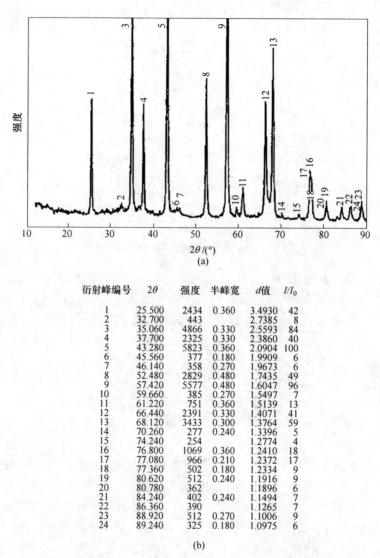

衍射峰编号	2θ	强度	半峰宽	d值	I/I_0
1	25.500	2434	0.360	3.4930	42
2	32.700	443		2.7385	8
3	35.060	4866	0.330	2.5593	84
4	37.700	2325	0.330	2.3860	40
5	43.280	5823	0.360	2.0904	100
6	45.560	377	0.180	1.9909	6
7	46.140	358	0.270	1.9673	6
8	52.480	2829	0.480	1.7435	49
9	57.420	5577	0.480	1.6047	96
10	59.660	385	0.270	1.5497	7
11	61.220	751	0.360	1.5139	13
12	66.440	2391	0.330	1.4071	41
13	68.120	3433	0.300	1.3764	59
14	70.260	277	0.240	1.3396	5
15	74.240	254		1.2774	4
16	76.800	1069	0.360	1.2410	18
17	77.080	966	0.210	1.2372	17
18	77.360	502	0.180	1.2334	9
19	80.620	512	0.240	1.1916	9
20	80.780	362		1.1896	6
21	84.240	402	0.240	1.1494	7
22	86.360	390		1.1265	7
23	88.920	512	0.270	1.1006	9
24	89.240	325	0.180	1.0975	6

(b)

图 5-15　$\alpha = Al_2O_3$ X 放射线图谱（a）及其衍射数据（b）

5.2.4　X 射线衍射定性物相分析

5.2.4.1　概述

自然界中的元素都是以单质、化合物或类质同象等形式存在的，即使是同一种单质或化合物由于它们的形成环境不同，它们也存在同质多象的现象，即它们的物相也不相同，因此矿物种类或矿物名称却不相同，如石墨和金刚石。用一般的化学分析方法可以得出组成物质的元素种类及含量，但却不能说明其相组成，X 射线物相分析可以解决这一问题。鉴别待测试样的矿物（或物相）组成用 X

射线衍射分析法是最有效、最准确的方法。

自然界中已经发现有几千种天然矿物和几万种，甚至更多的物质，这些物质绝大部分是以晶质状态存在，这些物质之所以有差别，主要是因为它们的晶格类型、晶格常数（晶轴 a、b、c 和轴角 α、β、γ）有所不同，因此当 X 射线照射到这些物质时，它们所产生的衍射线条的数目、位置和各线条的相对强度（I/I_0）也就不同，也就是说，每种结晶物质都有自己独特的衍射图谱（或花样）。多相物质的衍射花样就是各个单独物相的简单叠加，彼此不相干扰。因此我们将待测的单相或多相物质进行 X 射线衍射实验，得到它们的衍射花样或衍射的有关数据（d 值和 I/I_0 值等），然后将衍射花样或数据跟标准物质或标准矿物的衍射卡片做对比，从而达到确定单相或多相物质的目的，这个过程称之为 X 射线衍射物相分析。

经过几十年来的资料积累，标准物质的衍射卡片已经建立了一套系统数据。1941 年首先由美国材料试验协会（The American Society for Testing Materials, ASTM）整理并出版了约 1300 张标准衍射卡，称为 ASTM 卡片，此种卡片后来逐年增添。后又在 1969 年成立了国际"粉末衍射标准联合会"（The Joint Committee on Powder Diffraction Standards, JCPDS）负责卡片的收集、校订和编辑，自此以后，卡片组就称为粉末衍射卡组（The Powder Diffrac-tion File, PDF）。到 1988 年为止，已出版了 36 集，包括有机及无机共四万多张物质的衍射卡片。由于世界上存在的结晶物质非常多，因而 PDF 卡片也越来越多，由于卡片数量的庞大，为了便于从数万张卡片中快速地找出合适的卡片，人们编制了各种索引，如哈那瓦尔特法索引（Hanawalt Index）或称数字索引（Numerical Index）、芬克索引（Finkindex）、字母索引（Alphabeical Index）。对于岩矿工作者来说现在也出版了几本专门介绍矿物粉末衍射卡片的书可供查阅使用。JCPDS 的矿物分会将 1972 年的 JCPDS 卡片和 1963 年的 ASTM 卡片共约 2600 张，包括 1900 多种矿物资料以一本书的形式出版，该书名为"Selected Powder Diffraction Data For Minerals"《矿物粉末衍射资料选编》及其索引"SearchManual"，对于一般岩矿工作者只要有"选编"及其"索引"也就够用了。对于我国的岩矿工作者来说，还有 1 本常用的矿物 X 射线鉴定工具书，是由吉顺等人编写的《矿物 X 射线粉晶鉴定手册（图谱）》(2011 年)。

5.2.4.2 粉末衍射卡片及索引简介

A PDF 卡片（或称 JPCDS 卡片、ASTM 卡片）简介

粉末衍射卡片的格式如图 5-16 所示，每张卡片上的内容分如下 10 个部分：

(1) 第 1 部分，d 为面网间距（0.1nm），$1a$、$1b$、$1c$ 为三根最强衍射线的面网间距，$1d$ 是该样品中最大的面网间距。

(2) 第 2 部分，$2a$、$2b$、$2c$、$2d$ 为上述 4 条衍射线的相对强度，最强的当作 100。

（3）第 3 部分，X 射线衍射的实验条件：Rad 为产生 X 射线的阳极金属靶材料（Cu、Fe、Mo、…）；λ 为 X 射线的波长，单位为 nm；Filter 为滤光片材料；Dia 为照相机直径；Cut off 为相机可能记录的最大面网间距 I/I_0 测定相对衍射强度的方法（衍射仪、强度计、肉眼估计）；Ref 为第 3 部分和第 9 部分的文献来源。

（4）第 4 部分，物相的结晶学数据。Sys 为所属晶系；SG 为空间群（圣佛利斯符号和国际符号）；a_0、b_0、c_0 为晶格常数，$A = a_0/b_0$，$C = c_0/b_0$ 代表轴率；α、β、γ 为轴角。Z 为单位晶胞内的分子数目；D_x 为用 X 射线测量的密度；Ref 为第 4 部分的资料来源。

（5）第 5 部分，光性数据。$\varepsilon\alpha$、$n\omega\beta$、εv 为折射率。sign 为光性正负。$2V$ 为光轴角。D 为实测密度。m_p 为熔点。Color 为颜色（通常是偏光镜下看到的颜色）；Ref 为第 5 部分的资料来源。

（6）第 6 部分，其他资料。如样品的化学分析数据，样品来源，升华点（SP），分解温度（DT），转变点（TP），照相时的温度等。

（7）第 7 部分，物相的化学分子式及样品名称。

（8）第 8 部分，矿物名称或有机化合物的结构式。★表示卡片中资料可靠性大；i 表示卡片中资料可靠性中等；O 表示卡片中资料可靠性小。

（9）第 9 部分，粉末衍射图数据。

（10）第 10 部分，卡片鉴定号的位置。

10

d	1a	1b	1c	1d	7			8		
I/I	2a	2b	2c	2d						
Rad　λ　　Filter　　　Dia Cut off　　I/I_1 Ref　　　　3					d/ 0.1nm	I/I_1	hkl	d/ 0.1nm	I/I_1	hkl
Sys　　　　　　SG a_0　　b_0　c_0　AC α　　β　γ　ZD_x Ref　　　　4							9			
$\varepsilon\alpha$　　$n\omega\beta$　　εv　sign $2V$　　D　　m_p　Color Ref　　　　5										
6										

图 5-16　PDF 卡片（或 ASTM 卡片或 JCPDS 卡片）的标准格式

B PDT卡片索引简介

哈那瓦尔特法检索手册（Hanawalt Index）：又称数字索引（Numerical Index），当对试样中的物相完全不知道时可使用该索引。该索引是按d值编排的数字索引，是用3条最强的线，其d值分别为d_1、d_2、d_3，1、2、3表示强度递降的顺序。排列的方法有3种：d_1、d_2、d_3，d_2、d_3、d_1，d_3、d_1、d_2，即同一衍射资料在索引中出现3次。Hanawalt数字索引，先按3条最强线中选出任意一条作为首线，以d值递降排列。如果未知矿物与3条强线对比，其d值及强度大体符合时，就可从索引中知道物质的分子式、名称以及卡片编号，然后按卡片编号取出卡片就可做全面对比，最后确定鉴定结果。这部索引的优点是简单明了，每个物相的数据出现3次，容易查阅，故鉴定未知矿物时主要使用此索引。其缺点是当矿物衍射数据中强线较多时，选3条最强线未必能和索引选择一致，这样就可能在索引中找不到，给鉴定工作带来困难。同时3条最强线往往不能肯定一个物相，还需要参照卡片资料。

芬克索引（Fink Index）。当测试样为多相混合物或由于种种原因相对强度值不可靠时使用芬克索引。它以8根最强线的d值为衍射花样的特征，在索引中不列出相对强度，也不依强度值排列次序。8个d值中每根最强线都放在首位排1次，每个物质在索引中出现8次，若少于8根则以0.00补足。另外它给出的是物质的英文名称而不是化学式。

字母索引（Alphabeical Index）是按物质英文名称的第1个字母顺序排列的，无机、有机化合物是分开编排的。在每种物质名称的后面列出物质的化学式、其衍射花样中3根最强线的d值和相对强度及物质对应的卡片序号，当检测者能够大致估计到被检测试样可能存在的物相时，使用这种索引跟试样衍射花样做对比，如果吻合，再根据索引的卡片号查找相应的卡片，找出衍射的花样中其他对应的衍射线。这样可以依次确定试样的物相。

5.2.4.3 定性测定物相的基本过程

分析过程可按下列步骤进行：

（1）测量试样的面网间距d值和衍射相对强度（I/I_0）。如果采用衍射仪法测试，通过试样的连续扫描之后，衍射仪可直接绘出以2θ为横坐标以I/I_0为纵坐标的衍射花样，并打印出不同衍射线的2θ值、d值及衍射相对强度（I/I_0）等衍射数据。如果用德拜照相法来求，就必须通过对衍射试验后的照片测量、计算或对比之后求出不同衍射线的衍射角2θ面网间距d和衍射相对强度（I/I_0）。

（2）从$2\theta < 90°$范围内选出3条强度最高的线，以d值递减的顺序排列为d_1、d_2、d_3，将其余线条的d值也按强度递减顺序排列于三强线之后。在数字索引中找出最强线d_1所在的大组，在这一组中找出同时与次强线d_2及再次强线d_3都符合的条目。

（3）在三强线都符合的某一或某几列条目中再查看第四、五线等，直到八强线数据均进行过对照之后，找出最可能的物相及卡片号。

（4）对比未知相与一卡片的全部的 d 值及 I/I_0。若 d 值在误差范围内符合，强度基本符合即可认为定性完成。

如果所测试样为两种以上的矿物（或物质）组成，那么先求其中的一个组成，再根据具他衍射线确定另一矿物的组成，并且借助于化学分析数据及矿物生成环境确定其他矿物的存在，根据以上步骤逐一将各相分析出来。

在利用索引和卡片资料时，网面间距 d 值比 I/I_0 值更重要，因为衍射强度（I/I_0）会受实验条件影响，但 d 值受影响较小。另外，低角度、大 d 值线比高角度、小 d 值线更重要，因为低角度线在不同晶体中衍射线中重叠机会较少，因而不易混淆，此外高角度线的误差也较大。在鉴定中还要特别重视某种矿物的特征衍射线，即某种晶体衍射图中强度较高且 d 值较大与其他物质的衍射线不相重叠的衍射线，如石英 $d=0.33nm$ 的线条即为石英的特征线。

5.3　透射电子显微镜

透射电子显微镜（transmission electron microscope，TEM）又简称为透射电镜，它是利用电子束透过试样进行成像和衍射的一类电镜。它具有放大倍数大、分辨能力强的优点，高性能的透射电镜放大倍数可达 100 万倍，分辨率可达 0.1~0.2nm。透射电镜特别适合对微细矿物及隐晶质矿物和超细粉体的形貌及结构分析，它解决了偏光显微镜（或称透光显微镜）分辨率低的不足，又克服了 X 射线衍射仪不能直接观察矿物形貌的困难。自从 1932 年卢斯卡（Ruska）等在研究高压阴极射线示波器的基础上制成了第一台透射电镜以后，透射电镜至今有了很大的发展，它成了观察岩矿及其他物质材料微观世界的不可缺少的工具。

5.3.1　电子光学基础

5.3.1.1　电子流的性质

光学显微镜的分辨本领由于受到可见光波长（λ）和物镜数值孔径（$n\sin\theta$）的限制，使得光学显微镜的分辨率的理论极限为 200nm，要突破这一极限，就必须寻求更短波长的波。

从阴极管中发射出来的电子流是带负电的粒子流，高速运动的带电粒子具有波动和微粒二象性，根据德布罗意原理，当微粒的运动速度为 v、质量为 m 时，该粒子表现为波动性，又称为德布罗意波，其波长为：

$$\lambda = \frac{h}{mv} \tag{5-12}$$

式中，h 为普朗克常数。

对于初速度为零的电子，受到电位差为 U 的电场的加速，根据能量守恒定律，电子获得的动能为：

$$\frac{1}{2}mv^2 = eU \tag{5-13}$$

式中，e 为电子电荷量，$e = 1.6 \times 10^{-9}$ C。

从式（5-13）得到：

$$v = \frac{\sqrt{2eU}}{m} \tag{5-14}$$

将式（5-14）代入式（5-12），得到：

$$\lambda = \frac{h}{\sqrt{2meU}} \tag{5-15}$$

电子显微镜中所用的电压在几千伏以上，由于会产生很大的电子速度，这时就必须考虑相对论效应。经相对论修正后，电子波长与加速电压之间的关系为

$$\lambda = \frac{h}{\sqrt{2m_0 eU\left(1 + \frac{eU}{2m_0 c^2}\right)}} \tag{5-16}$$

式中，m_0 为电子的静止质量，$m_0 = 9.11 \times 10^{-81}$ kg；c 为光速。

当加速电压比较低时，电子运动速度相对光速要小得多，其质量可认为近于电子静止质量 m_0，即 $m = m_0$，将具体数值代入式（5-15），得到：

$$\lambda = \sqrt{\frac{150}{U}} \quad \text{或} \quad \lambda = \frac{12.25}{\sqrt{U}} \tag{5-17}$$

式中，U 为电子加速电压。

可见，电子波长与加速电压平方根成反比，加速电压越高，电子波长越短。如考虑相对论修正，则电子波长与加速电压的关系为：

$$\lambda = \frac{12.25}{\sqrt{U(1 + 8.9785 \times 10^{-6}U)}} \tag{5-18}$$

表 5-2 列出了不同加速电压下的电子波长值。透射电子显微镜常用电子波的加速电压为 50~200kV，电子波长为 0.00536~0.00251nm，大约是可见光的十万分之一。目前透射电镜的分辨率是 0.1~0.2nm，放大倍数可达 100 万倍以上，是光学显微镜放大倍数的 1000 倍，这显然是光学显微镜无法与之比拟的。

表 5-2　加速电压与电子波长

加速电压/kV	电子波长/nm	相对论修正后的电子波长/nm
1	0.03878	0.03876
10	0.01226	0.01220

加速电压/kV	电子波长/nm	相对论修正后的电子波长/nm
50	0.00548	0.00536
100	0.00388	0.00370
1000	0.00123	0.00087

由于电子流是带负电的粒子流，在电场或磁场的作用下电子运动的轨迹会发生改变，即当电子通过电场或磁场时就会产生偏转，这种作用与可见光通过光透镜时光线因折射发生弯转而聚焦成像的情况相类似。电子流的这些特性可以使它成为新的照明源，从而可以产生分辨率及放大倍数比光学显微镜都高得多的电子显微镜。

5.3.1.2 电子透镜

由于电子显微镜中的电场和磁场可使电子流发生聚焦成像，其作用与光学透镜类似，因此称之为电子透镜，如果受电场作用使电子束聚焦成像，那么称该电场为静电透镜；如果受磁场作用使电子流聚焦成像，那么该磁场称为电磁透镜或磁透镜。在现代的电子显微镜成像系统中，只有位于电镜上部的电子枪中发出的电子束是采用静电式透镜聚焦，由于静电透镜需要很强的电场，在镜筒内往往会发生击穿和弧光放电现象，在低真空度情况下更为严重。因为静电透镜不能做得很短，也不能很好地矫正球像差，因此现代电镜已基本不使用静电透镜，而主要是使用磁透镜。下面说明一下磁透镜的聚焦成像原理。

电子在磁场中运动时会受到磁场作用力，也称为洛仑兹力，力的表示式为：

$$F = -e \cdot (v \cdot B) \tag{5-19}$$

式中，e 为运动电子电荷量；v 为电子运动速度；B 为电子所在位置的磁感应强度。磁力 F 垂直于电子运动方向，并反向于 v 与 B 叉积决定的方向（左手定则）。

从式（5-19）可知，洛仑兹力在电子运动方向上的分量永远为零，因此这个方向不改变电子的运动速度。但当电子运动方向与磁场方向不在一直线上时，磁场力将随时改变着电子运动的方向，使其发生偏转。

通电流的圆柱形线圈产生旋转的、轴对称的磁场空间，这种旋转对称磁场对电子束也能产生会聚成像作用。

图 5-17 所示为磁透镜示意图，图中表示了磁透镜中的磁力线分布和磁透镜的会聚作用。电子在磁场中将产生 3 个运动分量；轴向运动（速度 v_z），绕轴旋转（速度 v_s）和指向轴的运动（速度 v_r），如图 5-17(b) 所示。图 5-18(a) 中表示了平行于轴入射的电子经过磁透镜后，运动轨迹与轴交 O 点，该点即为透镜的焦点，磁透镜中的焦距的含义与几何光学（见图 5-18(b)）相同。但是由于电磁透镜是一些特殊的电磁场空间系统，它的焦距取决于电子的加速电压、透镜的结构和采用的激磁电流。所以在透射电镜中，常通过变动激磁电流来调节电磁透镜的焦距和放大倍数。

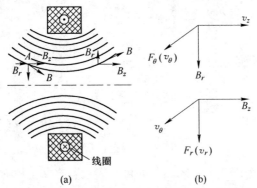

图 5-17　磁透镜中磁力线分布（a）和电子运动的 3 个分量（b）示意图

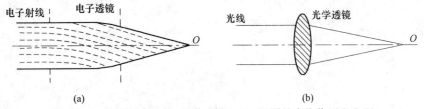

图 5-18　磁透镜（a）和光学透镜（b）相同的会聚作用和焦距

5.3.1.3　电磁透镜

电磁透镜跟光学玻璃透镜一样，实际使用的磁透镜也有很多缺陷，使得在电子聚焦成像时使成像图形失真，形成像差，如不克服，将严重影响电镜的分辨本领。像差包括色差、球差和像散。

玻璃透镜对不同波长的光具有不同的焦距，因此同时对不同波长的光成像时会产生色像差，简称为色差。磁透镜对不同能量的电子也有不同的会聚能力，由于电子流中不同电子的能量可能有差异，这正是引起磁透镜产生色差的原因。电子能量会有所不同的原因有 2 个：一是电子枪的电压不稳；二是电子束穿透试样后，由于非弹性散射，使部分电子能量损失，能量损失值小的可以小到 10 ~ 20eV，大的可达几百电子伏。为了消除色差，前者可以通过稳压来消除，后者可以采取超薄制样来克服，即尽可能使样品薄到"透明"状态。对于高分辨电镜，试样厚度要求在 10nm 左右。

球差是一种几何误差，是镜体中的不同部分对电子有不同会聚能力而引起的。图 5-19 表示，离中心轴越远的磁场（磁透镜）对电子束的会聚能力越强。因此，轴上一点 P 的像如果其孔径角（α）较大，则在焦平面（或高斯面 $P'P''$）得到的是半径为 Δr_s 的球差圆斑，这种像差称为球面像差，简称球差。球差几乎是一种无法克服的像差，球差与孔径角 d 的关系为：

$$\Delta r_s = C_s \alpha^3 \tag{5-20}$$

式中，C_s 为球差系数，一般为 0.5 ~ 4mm。

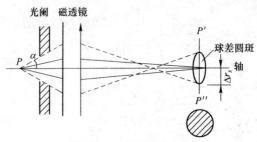

图 5-19　球差的形成

　　像散是由不良生产工艺引起的。如果透镜在生产加工中有误差，就会造成磁场不是理想的旋转对称场，那么就会使在中心轴所在平面上的磁场强度不同，圆形入射的电子束束斑就不能聚焦在一个点上，而使图像变得不清晰，这种像差称为像散。像散可以用消像散器消除。

5.3.2　透射电镜的工作原理与结构

5.3.2.1　工作原理

　　透射电镜是用聚焦电子束作照明源，使用对电子束"透明"的超薄试样（厚几十至一二百纳米）或粉末试样，以透射电子作为成像信号。其工作原理如下：电子枪产生的电子束经 1~2 级聚光镜会聚后均匀照射到试样的某一微小区域上，入射电子与物质相互作用，由于试样很薄，绝大部分电子穿透试样，其强度分布与所穿过试样区的形貌、结构构造等一一对应。透射出试样后的电子经物镜、中间镜、投影镜的三级磁透镜放大后投射在显示图像的荧光屏上，荧光屏把电子强度分布转变为人眼可见的光强分布，于是在荧光屏上显示出与试样形貌和结构构造相对应的图像。

　　透射电镜的工作原理与光学显微镜类似，但在结构及功能等方面有许多不同，现将两种显微镜做一比较，列于表 5-3。

表 5-3　透射电子显微镜与光学显微镜比较

项目	光学显微镜	透射电镜
照明源	日光或灯光，平均波长为 500nm	电子枪发射的电子束 50~100kV 时波长为 0.00536~0.00370nm
透镜	玻璃透镜	轴对称电磁透镜
工作介质	空气或浸油	真空，真空度 $1.33 \times 10^{-2} \sim 1.33 \times 10^{-4}$ Pa
试样	置于载玻片与盖玻片当中标准厚度 0.03mm	试样厚度小于 100~200nm
成像与放大装置	目镜物镜组成的二级放大	物镜、中间镜、投影镜组成的三级或四级放大
聚焦方式	移动物镜相对试样的距离	改变物镜聚焦电流

项目	光学显微镜	透射电镜
图像观察	肉眼直接观察	电子图像投射到荧光屏上转换成肉眼可见的光学像
分辨率	约 200nm	0.1~0.2nm
放大倍数	40~1500 倍	可达 10^6 倍

5.3.2.2 透射电镜的结构

透射电镜主要由光学成像系统、真空系统及电气系统 3 部分组成。

透射电镜组装光学成像系统的直立圆柱体称镜筒。镜筒是显微镜成像的核心部分，镜筒内要保持 $1.33×10^{-2}~1.33×10^{-4}$Pa 的高真空，镜筒内安装了包括电子照明体系、样品室、透镜成像放大体系和观察照相室，下面简要介绍构成透镜成像系统的主要构造。

如图 5-20 所示，电子照明体系位于镜筒的最上部，它的作用相当于光学显微镜的光源，作为照明源的电子束是由电子枪发射的，它由阴极（灯丝）、控制极（或称栅极）和阳极组成。灯丝加热后所发射的电子在阳极加速电压（一般

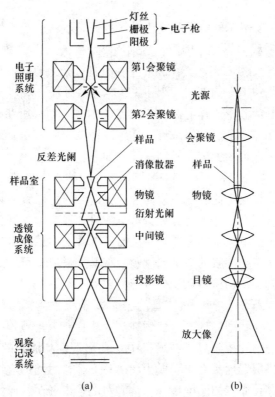

(a)　　　　　　　　(b)

图 5-20　透射电子显微镜构造原理（a）和光路（b）示意图

为 50~100kV）作用下被加速，当通过栅极时又受到栅极负电场的排斥，形成很细的电子束高速穿过阳极孔。在电子枪下面有 2 级磁透镜作为聚光镜作用，它能再度将电子束会聚成更小的电子束斑以保证照明源有足够的亮度，电子束的大小可以有几挡供选择。

电子照明体系之下即为试样室。被观测的试样一般是用 3mm 直径的铜网承载的，试样室要保持高真空。由于电子束只能穿透极薄的物体，故一般试样的厚度不能超过 200nm。

成像放大体系由 3 级磁透镜组成，穿透试样的散射电子经物镜、中间镜、投影镜逐级放大成像。调节中间镜的电流可使放大倍数从几百倍连续增加到几十万倍以上。高性能透射电镜采用了双中间镜或双投影镜的 4 级或 5 级成像系统，以适应不同放大倍数下电子图像和电子衍射花样的观察与记录。

在电子束从电子枪出发到荧光屏成像的过程中，要通过不同位置的光阑，光阑的作用就是有选择地让部分电子流通过，而阻挡那些对电子成像或形成衍射花样有不良影响的电子流。

5.3.3 试样的制备

在透射电镜中所显示的物质像是由电子束透过试样后形成的像，由于电子束的穿透能力比 X 射线弱得多，因此，必须用小而薄的试样。对于加速电压为 50~200kV 的透射电镜，试样厚度以 100nm 左右为宜，如果要获得高分辨电子像，试样的厚度还必须薄到 10nm 以下。要制备这样薄的试样，对岩矿样品来说是很困难的。所以透射电镜分析试样的制备相对比 X 射线衍射分析和扫描电镜等测试方法的样品制备要麻烦得多。一般来说，透射电镜试样制备主要有粉末法、超薄片法和复型法 3 种。现把 3 种试样的制备简介如下：

（1）粉末试样的制备。对于粒径为微米级和纳米级的粉末，如黏土矿物及其他超细粉末等，在测试前首先应用超声波分散器将待观察的粉末置于与试样不发生作用的液态试剂中，并使之充分分散制成悬浮液。为了避免粉末在试样台的铜网孔中漏掉，应在电镜铜网上覆盖一层有碳加强的火棉胶支持膜，然后取几滴分散的悬浮液滴在有支持膜的电镜铜网上，待其干燥后，可送入样品室观察，可以观察粉末的形貌、结构构造以及成分分析。

（2）超薄片试样的制备。对块状的岩矿试样及非金属的陶瓷试样来说，其制样原理是首先将块状样品切割，然后在磨片机中将其磨成厚度小于 0.03mm 的薄片，后将磨好的薄片放到离子减薄机中在真空下用高能量的氩离子轰击薄片，使试样中的原子一层层地溅射出而成为超薄片，经长时间的连续轰击，可使试样中心穿孔，由于穿孔周围的厚度极薄，待它对电子束透明，即可进行观察。由于岩矿样品的脆性大，在试样加工时要特别小心，因此块状试样制备起来比较麻烦。金属薄片试样的制备与岩矿薄片试样制备的程序不太相同，由于金属原子比较活泼而易受化学侵蚀，通过机械方法或高温方法将金属晶块切割成薄片以后，可以用化学抛光或电解抛光的方法进一步减薄，或用离子轰击方法将其制备成对电子束透明的超薄片试样。用以上方法制备的超薄片试样，可以在透射电镜下观察到晶体形貌、显微结构、晶界特点、晶体缺陷等，可进行结构和成分分析。

（3）复型试样的制备。所谓复型是将待测试样的表面或断口的形貌用薄膜将它们复制下来。然后将复型后的薄膜拿到样品室内观察。复型试样是一种间接试样，由此它只能作为试样形貌和表面结构的观察和研究，不能用来观察试样内部结构和成分分析。为了更好地获得电子图像，复型材料必须是：

（1）非晶质材料，以防止电子衍射束的影响；

（2）塑印成型性能好，以提高分辨能力；

（3）具有一定的导电性，导热性，并能耐电子束轰击，使原始图像不失真。在众多复型材料中，碳是能较好地满足上述条件的复型材料，因此一般采用碳膜作为复型材料。碳膜复型又有碳膜一级复型和塑性-碳膜二级复型 2 种方法，具体操作在此不做详细说明。

5.3.4 透射电镜电子显微像的形成

透射电镜的电子像是由于透过样品的电子强度差别不同而产生的，通常将电子光强度的差别称为衬度。透射电子像形成的种类主要有衍射衬度像、散射衬度像和相位衬度像。

5.3.4.1 衍射衬度像

衍射衬度像是电子在结晶质薄膜试样中受到衍射作用后形成的。高速运动的电子流是一种波，对于常用的加速电压为 50～200kV 的电子波，其波长为 0.00536～0.0025nm，而常用衍射试验的 X 射线的波长是 0.25～0.05nm，可见在透射电镜中运动电子的波长比 X 射线的波长要短得多。当波长很短的电子束与结晶质试样作用时也会产生衍射现象，入射电子束与结晶物质的作用。如图 5-21 所示，如果薄膜试样内有 A 和 B 两颗晶粒，它们之间的唯一差别是取向不同，对于 A 晶粒，在入射电子束强度为 I_0 的照射下，如果各晶面组均不满足布拉格的"反射"条件时，将不发生衍射现象，则衍射束强度为零，与入射电子束同方向的透射电子束强度 I_A 可看作近似等于入射电子束强度 I_0 的入射电子束照射下，如果其（hkl）晶面组与入射电子束正好符合衍射条件时，则发生衍射，衍射角为 θ_B，因此入射电子束在 B 晶粒区域内经过衍射后，将分成强度为 I_{hkl} 的衍射束和与入射电子束方向相同的强度为 I_0-I_{hkl} 的透射束两部分，如果物镜后（下）焦面上的物镜光阑把 B 晶粒的 I_{hkl} 衍射束挡掉，而只让与入射束方向相同的透射束通过光阑孔进行成像，由于 $I_A \approx I_0$，$I_B = I_0-I_{hkl}$，于是像平面上两颗晶粒的亮度就不相同，这样就形成了衬度，把这种衬度差异所形成的电子像称为衍射衬度像。衍射衬度像可分为明场像（BF）和暗场像（DF）。所谓明场像是让透射束通过物镜光阑，而将衍射束挡掉而得到的衬度像。所谓暗场像就是让衍射束通过，而将透射束挡掉所形成的衬度像。暗场所得图像质量不高，有较严重的像差。一般是将入射电子束倾斜 2θ 角，使 hkl 衍射束的方向与光轴一致，也可以获得一个不畸变、分辨率高、清晰的暗场像。

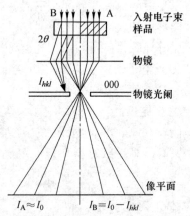

图 5-21　薄膜内位向不同的晶粒引起衍射效应（明场）

5.3.4.2　散射衬度像

散射衬度像又称为质量衬度像，它是非晶态或无定型试样，由于试样各部分电子束的密度 ρ（或原子序数 Z）和厚度 t 的不同而形成的。无定型或非晶态试样中原子的排列是不规则的，因此电子束照射到试样上时不会产生衍射现象，但会发生散射。由于样品中各部位的厚度、密度和组成不同，因而对入射电子有不同的散射能力，例如样品的厚度大，入射电子在样品中运动时碰到原子数目就多，被散射的概率也较大，沿原方向运动的透射电子数目就减少，因而受到物镜下面光阑孔径的限制，只有部分偏离原方向不大的透射电子参与成像，形成图像中的暗点。同样，对于原子序数 Z 大的原子，从式（5-1）可知，原子序数越大，散射角 α 也越大，也会造成只有部分散射电子参与成像形成暗点；相反，对于厚度较薄的试样或原子对电子的散射角小的试样，会使大部分或全部入射电子透过试样并通过物镜光阑参与成像，形成图像中的亮点，这两方面共同形成图像的明暗衬度，这种衬度反映了样品中各部位在厚度、密度和组成上的差异。这种差异是由散射衬度引起的，因此被称为散射衬度像，或通俗地被称为质厚衬度像。

5.3.4.3　相位衬度像

相位衬度像又称为高分辨电子像，它可以用来研究 1nm 左右的晶格构造，它能直接反映晶体内部的晶格点阵、晶体结构中原子或分子的分布情况。与衍射衬度像和散射衬度像相比，相位衬度像的分辨率有了很大提高，这就要求测试样品要制得更薄。用于观察晶格构造和原子分布的试样，要求厚度薄到 10nm 甚至 5nm 以下。试样在这么薄的条件下，由于穿过试样的入射电子只受到原子的轻微散射，因此受各原子轻微影响的散射电子几乎都能通过物镜光阑，在像平面上不会产生散射衬度，因此散射衬度机制已不起作用。但是这些轻微散射的电子波与未改变原运动方向的透射电子波之间存在一定的相位差，再加上散射电子波在聚焦放大成像过程中受到磁透镜产生的球差和失焦的影响，使散射电子波与透射电子波之间的相位差增大。在像平面上，散射电子波与透射电子波之间发生干涉，由于样品各原子的散射波与透射波之间有不同位相，那么在像平面上产生干涉后的合成波也不同，当散射波与透射波之间的相位差为 π 时，就能产生较明显地反映晶格质点的衬度。这种由散射波和透射波之间相位差异形成的衬度像称为相位衬度像。

5.3.5 电子衍射花样的特点与分析

5.3.5.1 电子衍射的原理及特点

电子衍射的基本原理与 X 射线衍射原理是相同的，所获得的图案也是基本相似的，由于电子束的波长比 X 射线更短，使得两者之间有一定的差异。电子衍射的过程是这样的：当入射电子束 I_0 照射到试样晶体面网间距为 d 的晶面组（hkl）时，由于满足布拉格的"反射"条件，与入射束交成 2θ 角度方向上得到该晶面组的衍射束，透射束和衍射束分别和距离晶体为 L 的照相底版 MN 相交，得到透射斑点 Q 和衍射斑点 P，它们间的距离为 R，如图 5-22 所示。从图 5-22 中所得的几何关系为

$$R = L \cdot \tan(2\theta) \tag{5-21}$$

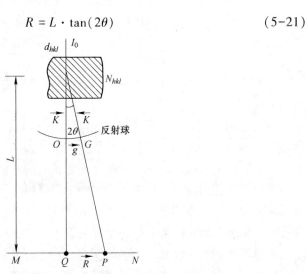

图 5-22　电子衍射几何关系

由于电子波的波长很短，因而电子衍射角 2θ 实际上是很小的（仅 $1° \sim 2°$），$\tan(2\theta) \approx 2\sin\theta$，将其代入布拉格公式 $2d\sin\theta = \lambda$，得到电子衍射的基本公式：

$$R = \frac{L \cdot \lambda}{d}$$

$$R \cdot d = L \cdot \lambda = K \qquad\qquad (5-22)$$

式中，L 为试样到照相机底版距离，称为衍射长度或电子衍射照相机长度；在一定加速电压下，电子束波长 λ 为一确定值，L 和 λ 乘积是一常数 K，称为电子衍射仪器常数或相机常数，是电子衍射装置的重要参数。

这样可由透射斑点到衍射斑点间的距离 R 值来计算出与该衍射斑点相应的晶面组（hkl）间的面网间距的 d 值：

$$R = \frac{L \cdot \lambda}{d} = \frac{1}{d} \cdot K \quad \text{或} \quad R = \frac{1}{d} \cdot K \qquad\qquad (5-23)$$

电子衍射中 R 与 $1/d$ 的正比关系是衍射斑点指标化的基础，即每个衍射斑点可以用一个晶面指数来表示。

X 射线是进行晶体结构分析和物相分析的重要手段。通过透射电镜的电子衍射花样也可以进行物相分析、结构分析和晶体定向，电子衍射分析与 X 射线衍射分析相比较，具有这些特点：

（1）分析的灵敏度非常高，小到几十甚至几个纳米的微晶也能给出清晰的电子衍射图像进行结构和物相分析，因此探测极限非常低。适用于试样总量很少，待定物在试样中含量很低和待定物颗粒非常小（如微细包裹体、结晶刚开始时生成的微晶、黏土矿物等）等情况下的矿物分析。

（2）可以得到晶体取向的有关信息，例如晶体的择优取向、析出晶相与基体间的取向关系等。当出现未知矿物的新结构时，单相电子衍射谱可能比 X 射线多晶衍射谱更易进行标定和物相分析。

（3）在进行物相分析时还可以同时跟物相形貌观察相结合，同时得到有关物相的大小、形态等信息。

（4）透射电镜的电子衍射分析也存在一点缺点。由于分析灵敏度高，在制样过程中各种途径所引入的各种微量杂质，如大气尘埃的落入也会出现这些杂质的电子衍射谱，因此除非某一种物相在电子衍射花样中经常出现，否则不能轻易地断定这种物相的存在。对电子衍射的结果要用科学态度进行分析，并尽可能地与 X 射线物相分析配合进行。

5.3.5.2 多晶的电子衍射花样及其分析

多晶电子衍射花样和粉晶的 X 射线衍射花样非常相似，是由一系列不同半径和不同亮度的同心圆环组成。位于圆环中心亮度最亮的圆斑是透射斑，圆斑外围的不同半径和不同亮度的圆环代表不同等同面 $\{h_1k_1l_1\}$、$\{h_2k_2l_2\}$、…的衍射环，内环的晶面指数是较简单的整数，外环的晶面指数是数值较大的整数。多晶衍射花样（环）的示意图如图 5-23 所示。

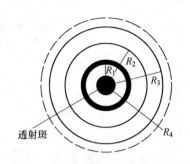

图 5-23　多晶衍射花样（环）示意图

多晶试样是由取向不同的许多晶粒组成的。在入射电子束的照射下，当面网间距为 d 的晶面族 $\{hkl\}$ 符合布拉格衍射条件时将产生衍射束，并在荧光屏或照相底版上得到相应的衍射斑点，在许多取向不同的小晶粒的等同面组（hkl）均符合衍射条件时，则形成以入射束为轴和 2θ 为半角的衍射束构成的圆锥面，它与荧光屏或照相底版的交线就是半径为 $R = (1/d) \cdot L\lambda$ 的圆环。因此多晶衍射的环形花样实际上是许多取向不同的小单晶衍射斑的叠加，d 值不同的晶面组将产生不同半径同心环所构成的多晶衍射花样。

如何用多晶衍射环来确定晶粒的物相和不同圆环所代表的晶面指数呢？步骤如下：

（1）测量衍射环的半径 R_i（从内环到外环依次置为 R_1，R_2，R_3，…，R_n）。

（2）求不同晶面的面网间距求 d_i 从内环到外环依次为 d_1，d_2，d_3，…，d_n。由式（5-23）可知 $d = L\lambda/R = K/R$，由于 $K = L \cdot \lambda$ 是已知数，因此 d 值很容易求出。

（3）求不同衍射的相对强度（I/I_0）。以最亮的衍射环作为 I_0，分别求出不同衍射环的相对强度。

（4）根据数字索引查出 d 值三强线的卡片编号，根据卡片编号查 PDF 卡片，从而可以确定样品的物相。并可由 PDF 卡片中查出不同衍射环所代表的晶面指数 $\{hkl\}$ 和晶体结构类型。

此外也可通过测算和查表相结合的办法定衍射环的晶面指数和晶格结构类型。计算的方法是：先求出 R_i，并逐个计算 R_i^2/R_1^2 的比值，并把它们化成简单的整数比，从 R_i^2/R_1^2 简单整数比的变化规律来确定该晶粒的晶格类型。从式（5-23）可知：

$$R = \frac{1}{d}K$$

则　　　　　　$$R_1 : R_2 : R_3 : \cdots = \frac{1}{d_1} : \frac{1}{d_2} : \frac{1}{d_3} : \cdots \tag{5-24}$$

对于不同晶系来说，晶面间距 d 与晶面指数（hkl）之间有一定关系，不同晶系的 d 与晶格常数 a、b、c 和 α、β、γ 之间的关系可用倒易点阵方法推导，在此不做进一步叙述。例如对于等轴晶系，有

$$d = \frac{a}{\sqrt{h^2 + k^2 + l^2}} = \frac{a}{\sqrt{N}}$$

其中，$N = h^2 + k^2 + l^2$，a 是轴单位长度。于是

$$\frac{1}{a} = \frac{\sqrt{N}}{a} \quad 或 \quad \frac{1}{d^2} = \frac{N}{a^2} \tag{5-25}$$

将式（5-25）代入式（5-24）有

$$R_1 : R_2 : R_3 : \cdots = \sqrt{N_1} : \sqrt{N_2} : \sqrt{N_3} : \cdots$$

或者　　　　　$$R_1^2 : R_2^2 : R_3^2 : \cdots = N_1 : N_2 : N_3 : \cdots \tag{5-26}$$

或者　　　　　$$N_1 : N_2 : N_3 : \cdots = R_1^2 : R_2^2 : R_3^2 : \cdots$$

根据 N 值的递增变化值可查表确定晶面指数，如对立方晶系来说 $N_1 : N_2 : N_3 : N_4 : \cdots = 1 : 2 : 3 : 4 : \cdots$ 那么可推导其相应的晶面指数是 {100}、{110}、{111}、{200}、$\cdots$。对于同一晶系的不同格子类型，其 N 值递增规律的简单整数比也不同，根据 N 值的变化规律可查表确定晶体的格子类型。

5.3.5.3　单晶的电子衍射花样及其分析

单晶的电子衍射花样是一系列按一定几何图形分布的衍射斑点，居于衍射花样中心的亮斑点是透射斑点，而透射斑周围的斑点是不同晶面的衍射斑，所以每个衍射斑可以用不同晶面指数来标记，离中心透射斑距离越近的衍射斑其晶面指数是较简单的整数。由于电子的衍射角很小（$2\theta \approx 1° \sim 2°$），因此形成电子衍射斑点的晶面基本都是近直立的晶面，这些晶面基本同属于一个晶带，即垂直于水平面或被观测到的晶面（观测面），这些近直立晶面所组成的晶带轴的方向 $[uv\omega]$ 与入射电子流方向平行，晶带轴方向是观测面的法线。图 5-24 所示为 $SrZr_4(PO_4)_6$ 单晶的电子衍射图。

通过分析单晶的电子衍射花样，可以确定单晶的物相，也可以确定各衍射斑的晶面指数及晶带轴方向和单晶的晶格类型。确定方法，一是通过和标准花样对比来测定；二是用尝试-校核法来测定。

对单晶物相的测定步骤跟衍射环的测定步骤是一样的，即先测量透射斑中心至衍射斑中心的距离 R_i，通过 $d_i = (1/R_i)K$，求出 d_i 值。根据衍射斑亮度的比较求出 I/I_0 值，然后分别借助于索引和 PDF 卡片确定单晶的物相。

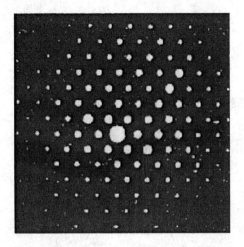

图 5-24 $SrZr_4(PO_4)_6$ 单晶的电子衍射谱

现在用尝试-校核法来测定衍射斑的晶面指数和晶带轴指数。步骤如下：

（1）如图 5-25 所示，选择靠近中心且不在一直线上的几个斑点，测量它们的 R_1，R_2，R_3，…，R_i…，利用 R_i^2 比值的递增规律确定等同面的晶面指数 $\{hkl\}$ 和格子构造的类型，这与多晶花样的分析方法相同。如果已知样品和相机常数，可分别计算产生这几个斑点的晶面间距并与标准 d 值比较直接写出 $\{hkl\}$。

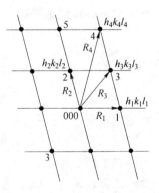

图 5-25 单晶花样指数化方法

（2）进一步确定产生这些斑点的晶面指数 (hkl)。因为 R 代表晶面法线，所以 R_1 和 R_2 之间夹角是 $(h_1k_1l_1)$ 和 $(h_2k_2l_2)$ 的晶面夹角。所谓"尝试-校核法"就是根据斑点所属的 $\{hkl\}$，首先任意地假定其中一个斑点的晶面指数，如假定第 1 个斑点的指数是 $(h_1k_1l_1)$，而第 2 个斑点的指数是 $(h_2k_2l_2)$ 应根据 R_1 和 R_2 之间的夹角的测量值是否与该两组晶面的夹角相符来确定。晶面之间夹角可由计算或查表得到，例如，立方晶体的晶面夹角公式为：

$$\cos\phi = \frac{h_1h_2 + k_1k_2 + l_1l_2}{\sqrt{(h_1^2 + k_1^2 + l_1^2)(h_1^2 + k_1^2 + l_2^2)}}$$ (5-27)

（3）确定其余斑点的指数。利用 R 的矢量关系的运算得到，必要时应反复验算夹角。如图 5-25 所示，$R_3 = R_1 + R_2$，所以 $h_3 = h_1 + h_2$，$k_3 = k_1 + k_2$，$l_3 = l_1 + l_2$，同理可求其他斑点的晶面指数。

（4）求晶带轴指数 $[uvw]$。任取不在同一条直线上的斑点如：$(h_1k_1l_1)$ 和 $(h_2k_2l_2)$，因为 $[uvw]$ 垂直于 R_1 和 R_2，有：

$$u = k_1k_2 - k_2l_1, \qquad v = l_1h_2 - l_2h_1, \qquad w = h_1k_2 - h_2k_1$$

因此 u、v、w 即可求得。

5.4　扫描电子显微镜

扫描电子显微镜（scanning electron microscope，SEM）简称为扫描电镜，是观察矿物显微结构最常用的设备。由于它制样方便、放大倍数高、分辨率好，可以观察到在矿相显微镜（或反光显微镜）下难于分辨的超细矿物，尽管它的发展相对比较晚，但目前应用非常普遍。扫描电镜主要是通过二次电子和背散射电子来成像。二次电子像非常适合于表面矿物形貌的观察，立体感强；背散射电子像既可以用来观察矿物表面形貌，也可以用来分析矿物成分差异。目前使用的大多数扫描电镜还配有用来作微区成分分析的电子探针和表面微区成分分析的俄歇电子能谱仪。

5.4.1　扫描电镜的工作原理及构造

扫描电镜的工作原理如图 5-26 所示，由电子枪发射出能量为 5~35keV 的电子流，经聚光镜和物镜的缩小形成具有一定能量、一定束流强度和束斑直径的微细电子束，在扫描线圈驱动下，在试样表面按一定时间和空间顺序做拉网式扫描。聚焦后的微细电子束与试样发生相互作用，产生二次电子、背散射电子及其他物理信号。二次电子发射量随试样表面起伏而变化，背散射电子的发射量与试样中元素的原子序数成正比，二次电子信号及背散射电子信号分别被探测器收集并转换成电信号，经视频放大后输入到显像管栅极，调制与入射电子束同步扫描的显像管亮度分别得到二次电子像及背散射电子像。

扫描电镜的构造，主要由电子光学系统、扫描系统、信号放大系统、图像显示记录系统、真空系统和电源系统等几部分组成。

（1）电子光学系统。扫描电镜的电子光学系统是由电子枪、聚光镜（汇聚镜）、物镜、物镜光阑、消像散器和样品室等几部分组成（见图 5-26）。

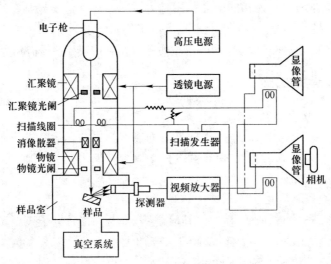

图 5-26 扫描电镜结构原理图

电子枪提供扫描电镜用的照明高能电子束，通过聚光镜可调节电子束的电流，以控制图像的亮度、反差和束斑直径等；消像散器是用于校正电磁透镜产生的像差，使扫描电镜的分辨率得到提高；物镜是使电子束直径处于最佳状态，并使图像聚焦；物镜光阑的作用是减少物镜的球差，提高分辨能力和改变景深。

试样室是安置试样的地方。通过一定装置可使试样在电子束的垂直平面内作纵横移动，既可选取适当的视场，还能使试样倾斜和旋转，便于选取适当的观察方向。不同仪器的可变动范围有很大差别。还可在试样室内装配加热装置、拉伸装置等，以满足不同需要。试样室内要求高真空。

（2）扫描系统。扫描系统由扫描信号发生器、放大控制器和扫描线圈组成。其作用是控制入射电子束在试样表面扫描及显像管电子束在荧光屏上作同步扫描，通过改变入射电子束的扫描振幅，即可获得不同放大倍数的扫描图像。

（3）信号探测放大系统。当入射电子束照射到试样表面时，产生各种物理信号。不同物理信号要用不同类型的探测系统，扫描电镜常用的是电子探测器。电子探测器一般采用的是闪烁计数系统，探测的是二次电子、背散射电子等电子信号。由于二次电子能量较小（小于 50eV），需要在探测器的栅网上加上 250V 电压，以吸引二次电子进入探测器内；而背散射电子的能量很大，几乎与入射电子束能量相等，因此探测背散射电子时，只要在栅网上加上 50V 电压，并阻止二次电子进入探测器。由探测器产生的电信号经过放大，再经视频放大器，即可用来调节显像管的亮度，从而获得图像。

（4）图像显示和记录系统。它是指显像管和照相机等，其作用是把已放大的检测信号显示成对应的像，并加以记录。

真空系统与透射电镜相同，其作用是为了获得建立电子光学系统所必需的真空度，防止样品的污染，一般情况下扫描电镜的真空度为 $1.33×10^{-6}$ Pa。电源系统由稳压、稳流及相应的安全保护电路所组成，提供扫描电镜所需要的稳定电流。

5.4.2　扫描电镜的主要性能

5.4.2.1　放大倍数

在扫描电镜中，入射电子束在样品表面逐点扫描与显像管电子束在荧光屏上的扫描严格同步，其放大倍数可用式（5-28）表达：

$$M = \frac{AC}{AS} \tag{5-28}$$

式中，AC 为荧光屏上图像的边长，其值是固定的；AS 为电子束在试样上的扫描振幅，一般 $AC=100$ mm，改变 AS 就可改变放大倍数，目前大多数商品扫描电镜放大倍数可从 20 倍连续调节到 20 万倍。

5.4.2.2　分辨本领

扫描电镜的分辨本领决定于以下因素：

（1）入射电子束斑的大小。扫描电镜是通过电子束在试样上逐点扫描成像的，因此任何小于电子束斑的试样中细节就不可能显示在荧光屏图像上，也就是说扫描电镜的分辨本领不可能小于电子束斑的直径。

（2）成像信号的不同其分辨率也不相同。其中二次电子像的分辨率最高，背散射电子像的分辨率较低。这是由于散射，散射电子产生的束斑比入射电子束斑尺寸更大，影响了扫描电镜的分辨本领。

5.4.2.3　景深

所谓景深是指电子束在试样上扫描时可获得清晰图像的深度范围。与光学显微镜和透射电镜相比，在相同放大倍数下，扫描电镜景深最大，这样就便于研究粗糙的试样表面或断口形貌、富有立体感，对研究矿物间的相互接触、形态及矿石的结构构造等方面，扫描电镜显示了突出的优点，如图 5-27 所示。

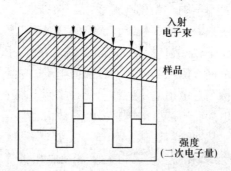

图 5-27　样品表面不同部位的二次电子发射

5.4.3 样品的制备及图像分析

5.4.3.1 样品的制备

扫描电镜的样品制备相对比较简便。根据不同型号和性能的扫描电镜，可按要求制成直径几毫米到 20mm 的大块试样。为了增强样品表面的立体感，作形貌观察的样品不需作磨平和抛光的加工处理。如果扫描电镜中配有电子探针，如需要做微区成分分析的话，为了提高探针对化学组成的分析能力，在这种情况下样品需进行表面抛光。扫描电镜在观察导体和绝缘体试样时也有区别，对导电良好的试样，只需对试样进行清洗，即可在扫描电镜下进行观察；若试样是非导体，如一般的岩矿试样，则需在试样表面蒸镀上一层 10nm 左右厚的碳膜及金属膜（如 Au、Pt），以保持图像有较好质量。对于某些试样还要考虑在电镜试样室内的真空条件下是否会产生脱水、变形等变化，以保证有利于对观察到形貌的正确分析。

5.4.3.2 扫描电子像衬度的形成

形成扫描电子像的衬度可分为形貌衬度、原子序数衬度和电压衬度 3 种类型。

（1）形貌衬度。形貌衬度是由于试样表面形貌差别而形成的衬度。利用对试样表面形貌变化敏感的物理信号作为显像管的调制信号，可以得到形貌衬度图像。形貌衬度的形成是由于某些信号（如二次电子、背散射电子等）强度为试样表面倾角的函数，而试样表面微区形貌差别实际上是各微区表面相对于入射束的倾角不同。因此，电子束在试样上扫描时任何两点的形貌差别，均会表现出信号强度的差别，从而在图像中形成显示形貌的衬度，二次电子像的衬度是典型的形貌衬度。

（2）原子序数衬度。原子序数衬度是试样表面由于原子序数（或化学成分）差别而形成的衬度。背散射电子、吸引电子、特征 X 射线及俄歇电子物理信号强度都与原子序数的大小有关，因此会形成原子序数衬度。在原子序数衬度像中，原子序数或平均原子序数大的区域比原子序数小的区域更亮。

（3）电压衬度。电压衬度是由于试样表面电位差而形成的衬度。利用对试样表面电位状态敏感的信号（二次电子），作为显像管的调制信号，即可得到电压衬度像。

5.4.3.3 扫描电镜的图像

扫描电镜的图像可分为二次电子像和背散射电子像 2 种。

（1）二次电子像。当入射电子束入射于试样表面，探测器接受的是二次电子（也包括部分背散射电子）时，由于二次电子发射量主要决定于样品表面的起伏情况，垂直样品表面的入射电子束，产生二次电子强度最大，倾斜表面二次电子强度随倾斜度增加而变弱，所以形成了试样表面的形貌图像，由此可见二次电子像反映的主要是样品表面的形貌特征。二次电子像分辨率高，无明显阴影效应、场深大、立体感强，是扫描电镜的主要成像方式和研究内容，特别适合于对试样粗糙表面及断口的形貌进行观察和研究，因此在矿物研究中得到广泛的应用。图5-28所示是氧化铝（刚玉）晶粒的二次电子像，该图显示了氧化铝晶粒的晶界平直、自形程度好、晶界多以120°角相交，显示了晶粒生长时的稳定平衡结构。晶粒粒度约2μm，立体感很强，晶粒内部还能清楚地看见有微气孔及一些穿晶断裂。

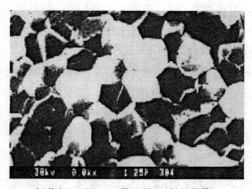

图5-28　氧化铝（刚玉）晶粒的二次电子像（8000倍）

（2）背散射电子像。当探测器接受的是背散射电子时，由于背散射电子的能量大，始终沿直线运动，若在前进方向上存在障碍物（样品突起部分），背散射电子受到阻碍而不能进入探测器。显然背散射电子像与用点光源照明物体时的效果相似，因此背散射电子像可认为是一种有影像的电子像。背散射电子像还与样品原子序数有关，样品表面原子序数越大，对入射电子的散射能力越强，背散射电子的发射量就越大，因此背散射电子像兼具样品表面平均原子序数分布和形貌特征的效果。由于散射电子的束斑比入射电子束斑更大，因此，背散射电子像的分辨本领较低，一般为50~200nm。

5.5　电子探针微区分析

电子探针微区分析（electron probe microanalysis，EPMA 或 EPA）是一种微区化学成分分析仪器。电子探针是电子光学技术和 X 射线光谱技术相结合的产物，它可以使矿物中元素的定性和定量分析的空间分辨率达到微米级水平。

5.5.1　原理及构造

电子探针显微分析的基本原理是用聚焦电子束（电子探测针）照射在试样

表面待测的微小区域上，激发试样中不同波长（或能量）的特征 X 射线，得到 X 射线谱。根据特征 X 射线的波长（或能量）进行元素的定性分析，根据特征 X 射线的强度进行元素的定量分析。

欲测矿物微区的化学成分，使用波谱仪和能谱仪来检测试样发射出的特征 X 射线。波谱仪（全称是波长色散谱仪）是用来检测不同元素所产生的特征 X 射线的波长，由于波谱仪是通过晶体衍射来分光（色散），因此又称为晶体分光谱仪。能谱仪（全称为能量色散谱仪）则是用来检测特征 X 射线的能量。

电子探针和扫描电镜在构造上相似（见图 5-26），但两者所检测信息不同及相应的功能也不同。电子探针所检测信息是特征 X 射线的波长与能量，主要用于微区成分分析；而扫描电镜所检测的是二次电子和背散射电子信息，主要用于形貌观察和组成分开，现在的扫描电镜一般都装配有电子探针仪，两种仪器的组合为在观察形貌的同时又可测定相应的成分，但两种仪器对电子束的入射角及束流强度的要求不同，对于电子探针，要求入射角固定、束流强度要高，而对于扫描电镜则束流强度要低，以使入射电子束斑直径在 10nm 左右。保证有较高的分辨率，因此组合仪总是以一种功能为主。

电子探针仪是由电子光学系统、扫描系统、X 射线检测系统、图像显示记录系统、真空系统等几部分组成，与扫描电镜的差别仅是用 X 射线检测仪取代了扫描电镜的电子探测仪，其余部分基本都相似。下面介绍一下 X 射线探测器中的 X 射线波谱仪及能谱仪。

5.5.1.1 X 射线波谱仪（WDS）

X 射线波谱仪是由分光晶体、X 射线探测器及相应的传动装置组成，是检测由照明电子束与试样作用产生的特征 X 射线的波长及其强度的仪器。由式（5-4）的莫塞莱定律可知：某一种原子序数的元素，会产生具有特征波长的 X 射线，该元素含量的高低也反映出特征 X 射线强度的大小。因此，如果通过某种方法测出了特征 X 射线的波长和强度，也就可以确定该元素的组成和含量。具体的测定方法是选用一定的晶体（d_{hkl} 为已知，称为分光晶体），使试样激发出来的具有不同特征波长的 X 射线照射到晶体上，当特征 X 射线波长 λ 满足布拉格方程 $2d\sin\theta = \lambda$ 时就会产生衍射现象，由于 d 已知，θ 可测出，因此 λ 值可求出。特征 X 射线的强度由探测器（如正比计数器）来检测，探测器每接受 1 个 X 光子则输出 1 个电脉冲信号，脉冲信号输入计数仪，提供在仪表上显示计数率读数，或根据记录绘出计数率随波长变化的输出电压，此电压还可用来调制显像管，绘出电子束在试样上做线扫描时的 X 射线强度（元素含量）的分布曲线。脉冲信号直接馈入显像管可调制光点的亮度，可得到 X 射线的面扫描像白脉冲信号输入定标器可显示或打印出一定时间内的脉冲计数，以做定量分析计算用。配有电子计算机的电子探针仪，X 射线的强度记录、数据处理和定量分析计算等均可由计算机来完成。

5.5.1.2　X 射线能谱仪（EDS）

由不同元素所产生的特征 X 射线波长和相应的光量子能量 E 满足 $E=h\nu=hc/\lambda$ 的关系，因此其能量也有特征性，能谱仪就是以测定元素特征 X 射线的能量为基础的。

X 射线能谱仪主要是由锂漂移硅固态探测器、前置放大器、脉冲信号处理器、模数转换器、多道分析器、小型计算机及显示记录系统等部分组成。

能谱仪的关键部件是锂漂移硅固态探测器，当试样中产生的 X 射线入射后，探测器将 X 光子能量变成电脉冲信号，脉冲信号强度高度正比于 X 光子能量，电荷脉冲经前置放大器、信号处理单元和模数转换器的处理后，将以时钟脉冲的形式进入多道分析器。多道分析器有一个由许多存储单元（称为通道）组成在存储器，与 X 光子能量成正比的时钟脉冲数，将按大小分别进入不同存储单元，每进入 1 个时钟脉冲数，存储单元记 1 个光子数，因此通道和 X 光子能量成正比，而通道的计数则为 X 光子数。用最终得到的通道（能量）为横坐标，通道计数为纵坐标，即得 X 能量色散谱，并显示于显像荧光屏上。多道脉冲分析器原理如图 5-29 所示。

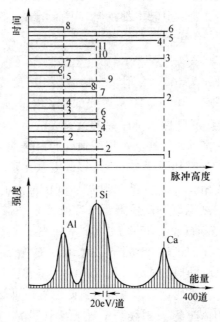

图 5-29　多道脉冲分析器原理

能谱仪都带有小型电子计算机，通过电子计算机处理可以对试样的组成元素进行定量分析。

5.5.2 波谱仪及能谱仪使用范围的比较

由于波谱仪和能谱仪探测 X 射线的机制不同，因此其应用上的性能也有差异。总的来说，波谱仪分析的元素范围广（一般 $Z \geqslant 4$）、探测极限小、分辨率高，适用于精确的定量分析，但是要求试样表面平整光滑，分析速度较慢，而且要用较大的束流，从而容易引起样品对镜筒的污染。而能谱仪虽然在分析元素的范围较小（一般 $Z \geqslant 11$）、探测极限大、分辨率低等方面不如波谱仪，但分析速度快，可用较小的电子束流和微细的电子束，而且对试样表面要求不如波谱仪那样严格，因此特别适合于与扫描电镜配合使用。

5.5.3 试样制备

用于电子探针的试样与扫描电镜相同，要求试样大小合适并要有良好的导电性。不导电试样所蒸镀的导电层金属应该是该试样中没有的。另外，必须严格保证试样表面清洁和平整特别是对于定量分析试样表面必须经仔细抛光并要防止污染，但能谱仪可以分析表面较粗糙试样。

5.5.4 电子探针的分析应用

电子探针的分析方法有定点分析、线扫描分析和面扫描分析。

（1）定点分析。定点分析是对试样某一定点进行成分及含量分析。其原理如下：用光学显微镜或荧光屏显示的图像选定需要分析的点，使聚焦电子束照射在该点上，激发试样元素的特征 X 射线，用波谱仪或能谱仪测定该点的元素组成和含量。聚焦电子束斑可以集中在试样中直径为 $1\mu m$ 的微区范围内测定该点的组成与含量，因此定点分析又称为微区分析。图 5-30 所示为人造矿物碳化硅晶

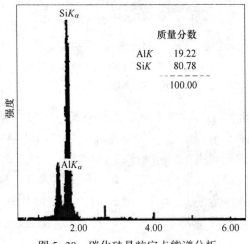

图 5-30 碳化硅晶粒定点能谱分析

粒的定点 X 射线能谱分析图。横坐标表示从 Si、Al 元素中发射的特征 X 射线的能量（eV），表明微区中有 Si、Al 元素，纵坐标表示 X 光子的强度，表明 Si 的含量明显高于 Al 的含量，图中分析结果表明 $w(Si) = 80.78\%$，$w(Al) = 19.22\%$，说明碳化硅晶粒中的硅离子（Si^{4+}）已经被 Al^{3+} 进行了类质同象置换。C 元素在能谱中没有显示出来，主要是由于 C 元素的原子序数小于 11，仅用能谱探测不出来。所以在能谱分析时应注意其局限性。

（2）线扫描分析。入射电子束在样品表面对选定的直线轨迹（穿越矿物或界面）扫描，使能谱仪固定检测所含某一元素的特征 X 射线信号，并将其强度在荧光屏上显示，可以系统地取得有关元素分布不均匀的资料。通常直接在二次电子或背散射电子像上叠加显示沿扫描方向的 X 射线强度分布曲线，可以更加直接地表明元素浓度不均匀性与矿石结构之间的关系。

线扫描对于测定元素在矿物内部的富集与贫化十分有效。图 5-31 所示为某含磷铁矿直接还原结果中铁颗粒对磷元素的扫描分析结果，为该矿的二次电子像及 P、Fe 元素在 AB 线段的线扫描曲线。图中显示沿 AB 方向在矿物内部 P 元素的分布是不均匀的。

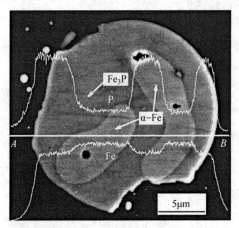

图 5-31　含磷的铁粒子的二次电子像及
AB 线对铁和磷的线扫描

（3）面扫描分析。让入射电子束在样品表面进行二维面扫描，能谱仪固定接受某一元素的特征 X 射线信号，在荧光屏上得到由许多亮点所组成的图像，称为 X 射线面扫描像或元素面分布图像。由图 5-31 可以看出，图像亮点较密区域应是样品表面该元素含量较高的地方，所以 X 射线扫描像可以提供元素浓度的面分布不均匀的资料，并可以同矿物的显微结构联系起来。面扫描分析对于分析矿物的固溶体分解结构以及矿物内部微细包裹体等内容是非常有效的。

5.6 俄歇电子能谱表面微区分析

俄歇电子能谱仪（auger electron energy spectroscope，AES）是常用于样品表面微区成分分析、样品纵剖面的成分及元素结合状态分析的有效工具，在矿物加工过程中，矿物要经过碎矿、磨矿及药剂处理等工序，跟矿物原始性质相比其表面的组成成分及电价可能会发生一系列变化，为了分析矿物加工流程中矿物表面性状的改变，采用俄歇电子能谱仪来进行分析就很方便。俄歇电子能谱仪探测的深度仅 1nm，它比电子探针所探测的深度要小 1000 倍，所以俄歇电子能谱仪特别适合作表面微区分析。俄歇电子能谱仪常与扫描电镜或光电子能谱仪配套使用。

5.6.1 基本分析原理

在高能电子束与固体样品相互作用后，会产生俄歇电子信息。俄歇电子的产生是由原子内壳层电子因电离激发而留下一个空位时，引起较外层电子向这一能级跃迁并使原子释放能量，能量的释放方式并不是产生特征能量的 X 光子发射，而是将这部分能量交给另外一个较外层电子引起进一步的电离，从而发射一个与原子序数相关能量的俄歇电子（见式（5-5））。检测俄歇电子的能量和强度，可以获得表面层化学成分的定性或定量信息，这就是俄歇电子谱仪的基本分析原理。只有距试样表层以下 0.1~1nm 深度产生的俄歇电子仍能保持其特征能量而不会造成能量损失，这一深度范围只相当于 2~3 个原子层的厚度，因此俄歇电子能谱仪只能反映试样表面组成的信息。

俄歇电子的产生机制涉及 3 个核外电子至少 2 个能级。普遍的情况可理解为：由于 A 壳层电子电离，B 壳层电子向 A 壳层的空位跃迁，导致 B 壳层的另一个电子或 C 壳层电子的发射，因此产生俄歇电子的原子序数至少须 $Z \geqslant 4$。另外，俄歇电子的形成数量有随原子序数增加而减少的趋势，对于 $Z < 15$ 的轻元素，俄歇电子的产额很高，因此俄歇电子能谱分析对于轻元素是特别有效的。为了激发俄歇电子，需要一定的入射电子能量才可使初始电离产生，一般来说入射电子的能量为 2keV 左右。产生俄歇电子的聚焦入射电子束又可形象地称为"俄歇电子探针"，目前利用细聚焦入射电子束可以分析大约 50nm 微区范围内的表面化学成分。

5.6.2 俄歇电子能谱仪的组成及俄歇电子能谱图

俄歇电子能谱仪主要由激发源（电子枪）系统、氩离子枪、样品室、电子能量分析器、探测器、真空系统、电源系统和信号放大记录系统等组成。从原理上讲，俄歇电子能谱仪的构造与扫描电镜大致相似，但在探测信号系统的结构方面有很大区别。

俄歇电子能谱仪信号探测系统的主要部分是能量分析器，它起着把各种能量的俄歇电子区分开的作用，再通过探测器可检测在另一特定能量下俄歇电子的数目。如图5-32所示，俄歇电子能谱仪中的球形能量分析器的工作原理大致是这样的：入射电子束与样品表面发生作用将产生具有不同特征能量的俄歇电子，俄歇电子经进口狭缝，再通过电子透镜的聚焦后进入球形能量分析器。球形能量分析器是由2个内外同心球构成，内球半径为r_1，外球半径为r_2。当内、外球之间加上电压V时，在其间形成电场。由于同心球形电容器上的电场对不同能量的电子具有不同的偏转作用，使能量不同的电子分离开来，如果在球形电容器上加上一个扫描电压，可使能量不同的电子在不同时间沿着中心轨道通过，测出每一种能量的电子数，从而得到能谱图。

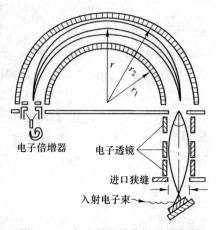

图5-32　半球形能量分析器示意图

能谱图是通过能量分析器，电子倍增管（探测器）和电子放大记录系统的运行之后获得的。图5-33所示为多层磁带表面测得的俄歇电子能谱图，图中横坐标反映的是不同元素俄歇电子的特征能量（eV），纵坐标反映的是相应的俄歇电子数目（强度）（N）。由于俄歇电子数相对于二次电子数较小（俄歇电子的电流约为10^{-12}A，而二次电子等的电流高达10^{-10}A），即小2个数量级以上，因此相应的信噪比极低，检测相当困难，使得俄歇电子能谱比较难于分析，故常采用对谱微分的方法来增加对俄歇谱的分辨能力，使得背景值（二次电子等的能谱）低而俄歇谱峰明锐，容易辨认。

俄歇能谱仪中的氩离子枪，可以对样品表面进行轰击，从而使表面层溅射发生剥离，这样就可以边逐层剥离，边进行俄歇电子能谱分析，因此可以了解样品由表到里各层的成分变化情况，这种方法称为纵剖面测定。另外，值得注意的

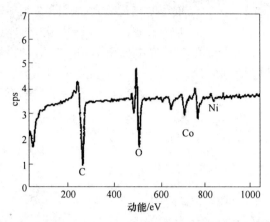

图 5-33 俄歇电子能谱示例（多层磁带表面 AES 全谱）

是，虽然不同元素的俄歇电子具有特征能量值，但对于变价元素或不同化学结合态的同一元素的俄歇电子能量来说，其电价的改变或化学结合态的变化也会造成俄歇电子能量值有小幅度的变化，那么在能谱图上会产生俄歇峰小幅度的能量位移，据此可以测定元素化学结合态的变化。

由于俄歇电子能谱仪是测定试样表面的信息。为了保持其真实性，对试样可不必进行抛光或清洁处理，对试样的表面处理可以在试样室内用氩离子枪轰击以达到清洗的目的。

5.6.3 应用实例

在研究某地钛铁矿（$Fe^{2+}Ti^{4+}O_3$）的选矿方法时，分析了加热氧化对钛铁矿可浮性的影响，为了了解钛铁矿受热处理后表面状态有哪些变化，应用俄歇电子能谱仪对钛铁矿作了纵剖面测定，测定结果如图 5-34 所示。由图 5-34 的分析结果可知：原生钛铁矿表面有 O、Fe、Ti 和少量 Mg、Al（见图 5-34 中 a）；经加热氧化后，其表面俄歇电子能谱的 Fe 峰加强，Ti 峰变得极不明显，Mg 和 Al 峰消失（见图 5-34 中 b_0）；590～720eV 之间的 Fe 俄歇峰的能量位移均在 10eV 以上，而 Ti 的能量位移不明显。Fe 俄歇峰的能量位移大，是由于钛铁矿表面 $Fe^{2+}O$ 被氧化成为 $Fe_2^{3+}O_3$，使得 Fe 的价电子带状态发生较大的变化所引起的。而钛铁矿表面 TiO_2 在加热氧化后以金红石的形式存在，Ti 的价电子带状态变化较小，故 Ti 俄歇峰的能量位移较小。上述分析结果表明，氧化后钛铁矿表面主要是 Fe_2O_3，而 TiO_2 的分布密度很小。采用俄歇电子能谱法与氩离子溅射剥层（刻蚀）相结合，测定了氧化钛铁矿的氧化层厚度（见图 5-34 中 b_1、b_2、b_3），随着溅射时间延长，Fe 俄歇峰的相对强度减小，Ti 的相对强度增大，这表明随着溅射深度增大，Ti 的分布密度增大，Fe 的分布密度减小，Fe、Ti 的分布密度逐渐与原生钛铁矿表面 Fe、Ti 的分布密度接近。同时，随着溅射时间延长，氧化钛铁矿的 Fe、O 俄歇峰相对于原生钛铁矿的 Fe、O 俄歇峰的能量位移逐渐减小。当溅射 4min 时，氧化钛铁矿的俄歇峰中出现了 Mg 和 Al 的俄歇峰，且各峰的相对强度和俄歇电子能量与原生铁矿基本一致，说明此时氧化层已基本剥完。按溅射速率（0.025nm/s）可知，氧化层的厚度约为 6nm。通过俄歇电子能谱的分析，从微观上揭示了加热氧化钛铁矿在用苯乙烯膦酸为捕收剂效果好的原因之一，就是增大了其表面 Fe^{3+} 的分布密度的结果。

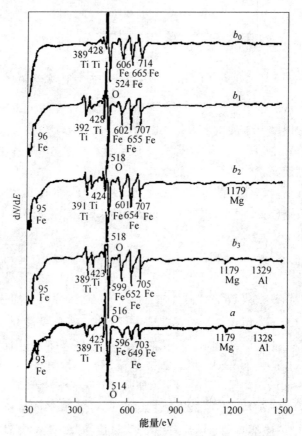

图 5-34　加热氧化前后钛铁矿的俄歇电子能谱图

a—钛铁矿表面；b_0—氧化钛铁矿表面；$b_1 \sim b_3$—氧化钛铁矿经氩离子溅射 1min、2min、4min

5.7　热分析方法

热分析方法是根据矿物在加热过程中所发生的热效应或质量变化等特征来研究和鉴定矿物的一种方法。目前应用较广的方法有差热分析法、热重分析法、微分热重分析法、热膨胀法、示差扫描热量分析法和逸出气体分析法等。这里简要介绍差热分析法和热重分析法。

5.7.1 差热分析法

5.7.1.1 工作原理与结构

差热分析（differential thermal analysis，DTA）是根据不同温度下出现的不同热反应的原理来对矿物进行鉴定。多数矿物在加热过程中一般会出现 2 种热反应：一种是加热矿物试样时，试样会发生重结晶、形成新矿物、氧化等化学反应，这些反应是放热反应；另一种矿物样品在加热时发生脱水、分解、多晶转变及晶体结构破坏等化学反应，这些反应是吸热反应。通过这些矿物加热或冷却到某温度点会发生放热反应或吸热反应的特征，在测试过程中，将会发生热反应的待测矿物与不会发生热反应的某种已知标样（标准矿物或中性体）一同放在加热炉中加热升温或降温，当加热或冷却到某个温度点时，待测样品由于发生热反应使得它与标样之间的温度不一致，如果待测试样中吸热反应，则待测样品在热反应时因吸收了一定热量，使得它的升温速度比标样相对缓慢，那么此时待测试样的温度就会比标准试样的温度低；如果待测试样在这个温度点时是放热反应，则待测试样的升温速度相对于标样要快，这样待测试样的温度比标样的温度要高。由于试样与标样之间在某温度点下存在着固有温度差，那么就可以将它们的温度差绘成差热曲线，在矿物鉴定时将试样的差热曲线再跟所查阅的有关手册中的已知矿物的差热曲线进行对比，如果相互之间能吻合，则可确定待测样品的矿物名称。这就是用差热分析法来鉴定矿物的原理。

如图 5-35(a) 所示，差热分析仪有加热炉、热电偶、温度控制仪、记录仪及供电系统等组成。装在加热炉内坩埚中的 A 是待测样品，坩埚 B 中的是标准样品（或称中性体、或称参比物），标准样品在加热时不发生热反应，常采用的是 α-Al_2O_3。在加热或冷却过程中双笔记录仪会自动把温度变化情况记录下来，并绘成差热曲线，如图 5-35(b) 所示，在加热过程中如果待测样品不发生热反应，则待测样品与标样无温度差。当试样的温度（T）与标样之间有温度差时，吸热反应的差热曲线是呈下凹的吸热谷（$T_2 > T_1$），放热反应的差热曲线是一上凸的放热峰（$T_2 < T_1$）。

5.7.1.2 样品要求及注意事项

在选择作差热分析试验的样品时，对测试样品有一定要求：

（1）样品要达到一定细度。分析样品一般需研磨成能通过 $74\mu m$(200 目) 筛孔的粉末，如果样品粒度过粗，会使反应速度减慢，可能会使邻近峰（谷）合并；粒度过细，由于反应太快也可能使邻近峰（谷）难以分辨。样品制好后必须在低温下干燥，但不能加热到 100℃烘干，以防止低于 100℃的峰谷的消失。

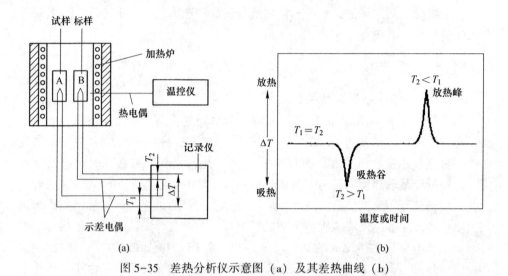

图 5-35　差热分析仪示意图（a）及其差热曲线（b）

（2）对测试样品要尽可能提纯富集，以排除其他矿物的干扰。由于差热分析仪的灵敏度不是很高，因此对低含量（1%~5%）的矿物鉴定比较困难，因此样品要提纯。杂质成分可采用相关方法加以清除，如清除有机质可用3%~6%的双氧水，清除少量的碳酸盐矿物可用0.1mol/L的盐酸来分解等等。

（3）在选择测试样品时，必须选择那些具有明显热效应的矿物。因为差热分析法只对有明显热效应的矿物才有效，而在差热曲线中没有峰谷出现的矿物，不适合于采用差热分析法进行鉴别。

在使用差热分析仪和分析差热曲线时要注意到：在样品测试之前首先要校正仪器上的误差，如温度、记录笔的起始点，以及加热炉的升温速度和记录仪的走纸速度。若试样的比热容大、导热性能差以及对温度的准确性及分辨率要求较高时，升温速度宜慢些，如2~10℃/s。记录仪的走纸速度与升温速度要相匹配，如若升温速度为10℃/s时，走纸速度为30cm/h为宜。在分析差热曲线时要注意曲线的峰（谷）的重叠。一般来说，曲线中峰谷的面积与试样中该矿物的含量有很好的对应关系，这常常用来进行矿物含量的半定量测算。

为了使差热分析能更准确，有的差热分析仪还附加了热重分析装置。这样可以利用某些矿物加热时还有质量损失或增加的特点，可帮助确定热反应的性质。有关热重分析的内容，将在后面继续加以讨论。如把差热分析与其他仪品并用，如与高温X射线衍射仪并用等，将会扩大差热分析的应用范围。

5.7.1.3　差热分析法的应用

差热分析法主要用于对矿物进行鉴定。通常是用于鉴定碳酸盐矿物、细小的黏土矿物和能产生挥发性成分的其他矿物。此外还用来鉴定具有多晶转变、氧化作用等具有明显热反应的矿物。它对于解决在光学显微镜下难于分辨的矿物的鉴定起了很大的作用，例如黏土矿物中的高岭石、蒙脱石、埃洛石、伊利石等因矿物细小，无法在光学显微镜（偏光显微镜）下确定矿物的名称，如果对照差热曲线加以分析，这个问题是比较容易解决的。图5-36为黏土矿物及其混合物的差热曲线，同样对一些碳酸盐矿物，当各碳酸盐矿物共存时，在光学显微镜下有时难于区分，但应用差热曲线来测定时则比较方便，因为不同碳酸盐矿物的差热曲线是有差异的。差热分析法还可以用来分析某些矿物是否有类质同象的杂质成分的存在以及杂质含量有多少这类的问题，这是用光学显微镜无法解决的。

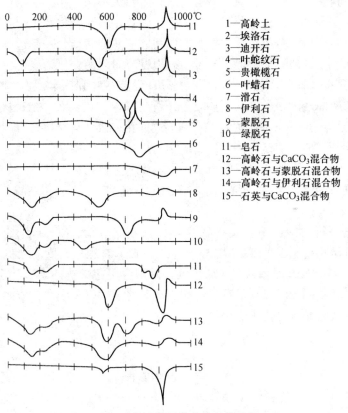

图5-36 黏土矿物及其混合物的差热曲线（DTA）

在采用差热曲线进行矿物鉴定时，如果被测物质是单相矿物，则可将所测差热曲线与标准图谱集上的差热曲线对照，若两者峰（谷）温度、数目及形状大小彼此对应吻合，则所测物质基本上可认为是标准差热曲线所代表的物质。若被测物是混合物，那么不同物质的峰（谷）之间可能重叠，峰（谷）温度可能变化，这时若只将所测差热曲线与标准图谱对比，有时可能对矿物组成做出正确的鉴定，这种情况下，最好结合其他鉴定方法如 X 射线衍射物相分析法等做进一步确定。

5.7.2 热重分析法

热重分析法（thermal gravimetry，TG）是通过测定矿物在加热过程中质量的变化来鉴定矿物的一种方法。许多矿物，尤其是黏土矿物和碳酸盐矿物等，在加热过程中脱去水分、放出二氧化碳等气体，而使试样的质量减少。但有些矿物在受到氧化时，却使试样的质量增加。热重分析法就是根据这些特点来达到鉴别矿物的目的。

热重分析使用的称量设备大致分为 3 种：热天平法、扭力天平法和石英弹簧法。其中使用最多的方法是热天平法。在矿物鉴定时通常将热重分析与差热分析配合使用，将所得的分析结果，即热重曲线和差热曲线结合一起进行综合考虑。

热重曲线是以质量变化为纵坐标，以温度或时间的变化为横坐标作图所得到的质量-温度变化曲线。热重曲线主要是用来鉴定矿物和确定矿物中的含水类型。它也是对差热曲线的一种补充，如对于长石族矿物（正长石、钠长石和钙斜长石等）的差热曲线是一条平缓的直线，它们之间用差热曲线难于区分，但在热重曲线上却可看到它们有明显差别。黏土矿物的加热脱水作用在不同温度下脱去不同性质的水，根据热重曲线可以知道，不同温度下矿物的含水性质。如矿物自由水的脱水温度是小于 110℃；结晶水要在 200～500℃ 才脱去；结构水要在 500～900℃ 才脱去。

在热重分析时应注意：当矿物含有挥发性组分时，如 CO_2、SO_2、SO_3 等，如果发生分解反应就会引起矿物的失重；当试样中含有低价的变价元素时，如 Fe^{2+}、Mn^{2+}、U^{4+} 等，那么它们在加热氧化时则会引起矿物的增重。样品的粒度、结晶度以及类质同象等杂质的存在都会影响脱水温度以及脱水曲线的形态。因此解释热重曲线时必须考虑上述因素。

复习思考题

5-1 单晶和多晶的电子衍射花样有什么不同？

5-2 简述扫描电镜的工作原理及主要结构。

5-3 扫描电子图像有哪几种？跟矿相显微镜观察到的矿物显微图像对比，扫描电子像具有哪些优点？

5-4 为什么电子探针仪能测试样微区的成分和含量？

5-5 电子探针中的波谱仪在测试性能上有什么差别？

5-6 为什么俄歇电子能谱仪能够做表面微区的成分分析及元素结合状态的分析？

稀土矿物的工艺矿物学研究

人类对矿石的利用，除个别情况外，多数是从矿石中获取某种有用元素。直接将矿物拿来使用的情况很少。另外元素在矿石中多数都不以单质形式存在。最主要的存在方式是几种元素结合成某种矿物，或者是"寄生"在某类矿物之中。显然，为了使有用元素能够被充分合理的利用，选矿工业部门必须掌握有用元素在矿石中的存在形式。因为只有这样，才能有针对性地去富集谁，舍弃谁。因而，那些含有有用元素的矿物，特别是那些含有多量有用元素的矿物，始终是选矿工业部门最关注的对象。所以查清有用元素在矿石中的存在形式，以及它们在各组成矿物中的分配比例，就成为工艺矿物学必须回答的基本问题之一。

6.1 稀土元素在原料与产物中的存在形式

从现有资料来看，稀土元素存在形式主要有独立矿物、类质同象和离子吸附等 3 种形式。

6.1.1 独立矿物

当以独立矿物形式出现时，一般应具备两个基本条件。首先是在一定的物理、化学条件下，具有相对的稳定性；其次是具有一定的元素含量。某元素在熔浆中达到一定浓度时，在前一条件基础上就能够形成独立矿物。以独立矿物形式存在的元素，按其结晶程度又可分为两种类型：一种是肉眼或双筒镜下可以挑选的矿物，另一种是以微细包裹体形式存在于其他矿物中。

例如，我国某地，在双筒镜下发现一种矿物富含 Ti 及 Y 族稀土，此外还有少量 Nb、Ta 以及 Si、Al、Fe 等，同时还有极少量的 U、Th、Zr。从成分上来看，该矿物接近于黑稀金-复稀金矿物族内的河边矿。以后经 X 射线结构分析，证明它与黑稀金矿属于同一结构型。即 AB2X6 型的氧化物，将其组分含量按 AB2X6 型换算，所得结果如下：

$$(TRE_{0.67}, U_{0.01}, Th_{0.01}, Fe_{0.07}, Al_{0.13}, Sc_{0.01}, Mg_{0.01}, Ca_{0.01})_{0.92}$$

$$(Ti_{1.60}, Nb_{0.12}, Ta_{0.03}, Zr_{0.07}, Si_{0.24})_{2.00}(O_{5.44}, OH_{0.36})_{5.80}$$

按上述计算结果分析证明，该矿物乃是富含 Y、Ti，贫 Nb、Ta 的黑稀金-复稀金矿族的端员矿物，定名为钛钇矿。在白云母花岗岩风化壳中，钛钇矿与白云母相互穿插，形成钛钇矿与白云母的连生体。根据产状推断，可能是黑云母在白云母化过程中，释放出的 Ti、Nb、Ta 和磷钇矿风化后释放的 $\sum Y$ 稀土相互在一定浓度下彼此作用的结果。

独立矿物的另一种类型是以微细包裹体状态存在。我国某地发现的含钴黄铁矿-磁黄铁矿型钴矿床，其中的钴则是以微细包裹体状态存在。矿石中的组成矿物有：黄铁矿、磁黄铁矿、磁铁矿、白云石、方解石、辉钴矿。对钴进行的单矿物分析结果见表 6-1。

表 6-1   某地含钴矿床中单矿物分析结果

试 样	元素及质量分数/%			备 注
	试样 1	试样 2	试样 3	
矿物名称	Co	Co	Co	
结晶状黄铁矿	0.98	0.87	0.99	晶型完好
胶状黄铁矿	1.06	1.20	1.26	晶型不好，小晶粒集合体
磁黄铁矿	0.80	1.11	0.52	
磁铁矿	0.62	0.018	0.40	
白云石、方解石	0.004	0.003	0.0015	两种矿物合一起分析
辉钴矿	29.82			

由表 6-1 可知，除辉钴矿外，主要含钴矿物为胶状黄铁矿，其次是结晶黄铁矿、磁黄铁矿（矿床中 75.34%～85.41% 的钴存在于黄铁矿中）。将资料分析对比后可以看出，辉钴矿是以微细包裹体状态存在于胶状黄铁矿中。

6.1.2   类质同象

自然界生成的矿物中，类质同象是一种很普遍的现象。因此，对类质同象的研究，构成了地质领域中的一个重要方面。从元素赋存状态来看，稀有分散元素主要也就是以类质同象形式存在于自然界的。有关类质同象形成的机理和条件，这里不再重复。下面仅就类质同象的实际意义予以介绍。

例如，在我国某地矽卡岩中，与硅镁石、金云母、钸磷灰石、方解石和烧绿石共生的一种褐铈铌矿。这种褐铈铌矿就是 $\sum YNbO_4$-$\sum CeNbO_4$ 连续类质同象系列的端员矿物（$VCeNbO_4$）。结构与褐钇铌矿一致。褐铈铌矿是个完全配分型矿物。通常条件下，它只能在贫钇族稀土钽，而富铈族稀土和铌的地质环境中形成。换句话说，Nb/Ta，$\sum Ce/\sum Y$ 比值高的地质环境有利于这种矿物生成。另外，我们也要看到，如果 $\sum Y$ 浓度高，但又同时存在对 $\sum Y$ 有强烈亲和力的铬阴离子时，同样对褐铈铌矿也有利。当 $\sum Ce/\sum Y>1$ 时，称之为褐铈铌矿。当

$\sum Ce/\sum Y<1$ 时，称为褐钇铌矿。$\sum Ce/\sum Y=1$ 时，称为"铈褐钇铌矿"或者"钇褐铈铌矿"。

上面谈到的类质同象属于连续系列无限混入。此外，还有相当部分元素是以"寄生"的方式类质同象于某种矿物之中，并由于有用元素的类质同象混入，使得载体矿物工业价值发生了改变。例如，磁黄铁矿本属于工业价值不高的一种矿物，但如果其中有大量镍元素类质同象混入，便可作为镍矿开采。

现将常见的含稀散元素的矿物列于表6-2。

表6-2 稀散元素常见的载体矿物

载体矿物名称	较经常含有的稀散元素	有时含有的稀散元素
辉钼矿（MoS_2）	Re	
黄铜矿（$CuFeS_2$）	Se，Te	
黄铁矿（FeS_2）	Se，Te	Ge，In，Cd，Ga
方铅矿（PbS）	In，Cd，Tb	Ag
橘红色闪锌矿（ZnS）	Ge	
浅褐色闪锌矿（ZnS）	Ga	
蜜黄色闪锌矿（ZnS）	Ga	
深色至蓝色闪锌矿（ZnS）	In，Se，Te	
锡石	Na，Ta，In，Ge	
锆石	Hf	
黑钨矿	In，Sc，Ta，Nb	
磷灰石	Th（稀土，主要是Ce）	
萤石	Y	
正长石（天河石）	Rb，Cs	
光卤石、钾盐	Rb，Cs	
玫瑰绿柱石	Cs	

6.1.3 离子吸附

我国某地一重稀土风化壳型矿床，其中的重稀土元素即是以阳离子状态吸附于黏土矿物中。该矿床系由白云母花岗岩经风化作用而成。白云母花岗岩除了主要造岩矿物斜长石、钾长石、石英、白云母外，附族矿物以氟碳钇钙矿为主。其次是含稀土的萤石和少量的硅铍钇矿、砷钇矿、钛钇矿等稀土铌钽矿物。这些组成矿物在化学风化作用下，长石、云母等演化成以高岭土为主的黏土矿物。同时那些稀土元素矿物和含稀土元素的载体矿物，由于遭受破坏而将稀土元素释放出来。这些释放出来的稀土元素，即以阳离子状态被吸附于黏土矿物表面。

从当前工艺处理来看，微细包裹体、类质同象和离子吸附这 3 种元素存在形式有其相似之处，因此有时又将它们统称为矿石中的"分散量"。元素在矿石中的这几种主要存在形式与选别工艺处理关系极大。构成独立矿物的有用元素，当结晶粒度大于 0.02mm 时，基本可用现行的机械分选手段予以有效地回收；粒度 10μm 以下，一般难以用现有的机械选矿方法回收（当前浮选的有效粒度是 5μm），对于这种极其细微的独立矿物可以通过火法冶金改变其结晶状态，或者用湿法冶金予以处理。至于以类质同象方式存在于载体矿物中的有用元素，通常采取的办法是选取载体矿物，然后从载体矿物的精矿中去回收，离子吸附状态存在的元素，一般不列入选矿工艺加工对象中，而要单独采用一些特殊手段来解决。

6.2　元素赋存状态研究方法

元素赋存状态研究和矿物定量测定是密切相关的两个环节。在某些情况下，矿物定量测定就是直接为元素赋存状态考查服务的。因此，它们经常使用一套样品，在同一阶段完成。但由于两者考查内容和对象不同，因而元素赋存状态有它自己独立的工作内容和方法。下面对常用的几种元素状态考查方法做出说明。

6.2.1　重砂法

重砂法是比较常用的一种方法，它简单、可靠。对很大一部分矿石都适用。特别是对那些结晶颗粒大、含量高、易于分选的矿物更为有效。它所进行的分析研究，主要是建立在分离矿物定量（或提纯目估法）基础上。重砂法考查元素赋存状态的基本程序如下：

（1）将试样送交化验室进行化学全分析，了解矿石中存在的元素种类及其含量。由此即可初步掌握矿石中可能有利用价值的元素种类。

（2）鉴别试样中的组成矿物类别，并测定各组成矿物的相对含量。

（3）分离提纯单矿物。

（4）查明目的元素在各单矿物中的百分含量。

（5）计算有益（有害）元素在试样各组成矿物中的配分比。

在上述程序中，关键性的步骤是矿物定量和分离提纯单矿物。因为这两项工作的好坏，直接影响本方法质量的高低。此外，要考虑矿石类型是否适宜用本方法定量和分离。如颗粒细小、选矿回收率很低的铌钽矿或金属矿床中伴生的金、银等都不适用。因重砂矿物计算的独立矿物量，仅仅是选矿回收了的那部分独立矿物。那些颗粒细小的显微包体，虽然属于独立矿物之列，由于无法回收进入精矿，无形中被人为地划分到"分散量"中去了。特别是那些设备条件差、分离技术不佳的地方，"分散量"将大大地超过矿石中的实际情况。

分离提纯出来的单矿物量和矿石中实际存在的单矿物量，由于回收率低而产生很大的误差，因此，由此计算出来的元素分配值，必然由于误差过大而失去实际使用价值。

6.2.2 选择性溶解法

选择性溶解法就是选择合适的溶剂，在一定条件下，有目的地溶解矿石中某些组分，保留另一些组分，并通过对所处理产品的分析、鉴定，查清矿石中元素的赋存状态。该法一般可用于其他方法难以解决的细粒、微量、嵌布关系复杂的矿石中元素赋存状态的研究。

6.2.2.1 酸、碱浸出法

以类质同象或微细包裹体形式存在于载体矿物中的有用元素，可用酸或碱浸取。如果元素呈离子吸附状态存在，用盐或稀酸处理就可以了。

元素以类质同象形式存在时，其溶解曲线呈连续变化，当浸出率达到某一值时将出现拐点，拐点之后再增加浸出时间或者提高酸、碱浓度，曲线除稍有增长外，并不发生明显的改变。如广东某地钴矿，含钴载体矿物主要是毒砂，将毒砂置于不同浓度的硝酸中浸出，结果溶液中 Co 和 Fe 的溶解率基本一致，即随着毒砂的溶解和晶格破坏，Co 和 Fe 按比例进入溶液中，两者的浸出率大致相同。后对毒砂单矿物进行电子探针分析，也证明了这一浸出特点，即毒砂中的 Fe 部分地被 Co 代替。因为外来元素以类质同象的形式均匀地取代了矿物中部分某主体元素，因此，当矿物被浸出时晶格破坏，外来元素必然是和主体元素按比例进入溶液中。

若元素呈微细包裹体形式赋存于矿物中，由于分布的不均匀性，浸出曲线常呈现不连续的特点，并且还有孤立高含量突然出现的情况。

6.2.2.2 无机盐或有机酸浸出法

有用元素以离子吸附形式存在于黏土或其他矿物中时，一般可用无机或有机盐浸出。江西某地花岗岩风化壳中的离子吸附型重稀土，只用一当量浓度的 NH_4Cl 及 NaCl 即可浸取出。又如江西上高县七宝山钴铁矿床铁帽中的 Co 元素，浸出时，取出一定量矿粉置于烧杯中，加入 2.5% 的盐酸羟胺溶液，将烧杯置于水浴锅中温热半小时，将溶液过滤后，测定滤液中的 Co、Mn、Fe。100 个样品的浸出试验结果是：Mn 的浸出率均在 90% 左右，Fe 的浸出率不超过 5%，被锰矿物吸附的 Co 浸出率也在 90% 以上。由此看出，铁帽中的锰矿物主要是硬锰矿，它是钴的强吸附剂，而铁帽中的褐铁矿 Co 含量极少。

选择性溶解法也包括化学物相分析、淋洗、浸出试验等。该法最大缺点是难于选择专用性的溶剂，因此常需进行条件试验，测定溶解系数加以校正。

在对广西某堆积铁矿中镓的赋存状态研究中，采用淋洗、浸出、电渗析以及选择性溶解试验等手段进行了深入研究。为了解原矿中镓是否以镓离子（Ga^{3+}）状态或络阴离子 $[Ga(OH)_4]^-$ 存在及其浸出性能，先以醋酸和碳酸铵进行淋洗试验。由于淋洗液未能检出镓，继而直接进行浸泡，结果镓的浸出率很低，表明原矿中镓不是以离子或络阴离子形式存在。

镓是否呈表生的胶体 $Ga(OH)_3$ 存在呢？又进行了氨浸试验，用 0.1mol/L 的 NH_4OH 100mL 浸取 0.5g 矿样，在水浴上做不同浸取时间的条件试验，其结果说明该矿石中的 $Ga(OH)_3$ 含量极微，最多在 0.0001% 左右。由于纯矿物的探针分析是微区的，可能代表性不够，因此又做了选择性溶解试验，从宏观上进一步查明 Ga-Fe-Al 的关系，以及镓的浸出性能，提供回收镓的依据。

A   用草酸选择溶解原矿中铁矿物试验

用 10% 草酸水溶液溶解原矿中的针铁矿和水赤铁矿，测定其铁、铝、镓的含量，并做出它们的溶解曲线和 Fe-Ga，Al-Ga 的相关曲线（见图 6-1 和图 6-2）。图 6-1 表明铁矿物和部分黏土矿物都能在草酸中随时间变化而定量地溶解，5h 后，原矿中的铁矿物基本溶解。镓的溶解量也不再增加，但铝则随着铁的溶解量增高而逐渐增高，5h 后仍在继续溶解，说明有部分易溶黏土矿物在草酸中溶解。由图 6-2 可看出铁矿物的铁和部分易溶黏土的铝与镓呈线性关系，即按比例溶解，这说明大部分溶解下来的镓与铁矿物中的铁呈类质同象状态。至于镓与铝的关系，由于黏土矿物溶解不完全，需进一步试验，综合分析。

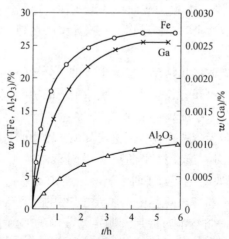

图 6-1   10% 草酸溶液中 Fe、Al_2O_3、Ga 的溶解曲线

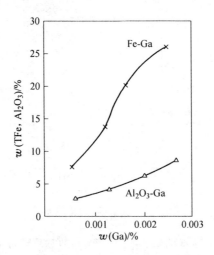

图 6-2　Fe-Ga 和 Al_2O_3-Ga 相关曲线

B　用 1mol/L KOH 溶解原矿中黏土的试验

原矿中除了铁矿物以外，其他矿物主要是黏土矿物（高岭石为主，三水铝石较少）。用 1mol/L KOH 选择溶解黏土，测定其铝与镓的含量，并做出铝与镓的溶解曲线和镓-铝相关曲线，如图 6-3 和图 6-4 所示。

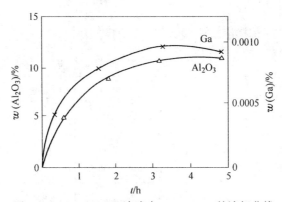

图 6-3　1mol/L KOH 溶液中 Al_2O_3、Ga 的溶解曲线

由图 6-3 可知，当溶解到 4h 后，铝和镓的溶解量都不再继续增加，此时，$w(Al_2O_3) = 11.2\%$，$w(Ga) = 0.00096\%$，铁很低。

图 6-4 说明黏土中镓与铝也呈线性关系，镓也以类质同象形式置换黏土中的铝。左端一段直线可能与易溶的三水铝石有关，由相关曲线可知其 $w(Al_2O_3) = 5.87\%$，$w(Ga) = 0.00074\%$。右端一段直线可能与易溶高岭石有关，其 $w(Al_2O_3) = 11.20\% - 5.87\% = 5.23\%$，$w(Ga) = 0.00096\% - 0.00074\% = 0.00022\%$。

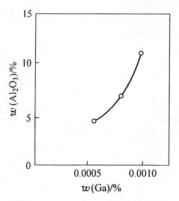

图 6-4　Al_2O_3-Ga 的相关曲线

由上述草酸和 KOH 溶解结果，在 6h 内，草酸溶解的 $w(Al_2O_3) = 9.01\%$，对照图 6-4 黏土矿物中此时溶解的 $w(Ga) = 0.00086\%$，以此数据与草酸中 Ga 最大溶解量 0.00025% 差减后得铁矿物中 $w(Ga) = 0.00164\%$。

C　用浓硫酸溶解草酸溶解后的残渣以测定难溶高岭石

原矿用 10% 草酸溶 6h 后的残渣，经显微镜下鉴定和 X 射线粉晶分析证明是高岭石，用浓硫酸溶解，直至冒烟。然后测定其镓的含量，换算后 $w(Ga) = 0.0009\%$，$w(Al_2O_3) = 12.54\%$，$w(Fe) = 0.53\%$，由于其镓含量很低，未能进行相关溶解。

根据用 1mol/L KOH 溶解试验，将其归纳列于表 6-3。

表 6-3　原矿化学物相分析综合结果表

溶解元素	溶剂	矿物	$w(TFe)$ /%	$w(Al_2O_3)$ /%	Ga	
					w/%	分布率/%
Fe	10% 草酸（5~6h）	针铁矿 水赤铁矿 硅酸盐	} 25.48 0.53[①]	9.01[①]	0.00164	46.8 24.6[①]
Al	1mol/L KOH(4h)	三水铝石 易溶高岭石		5.87 5.33	0.00074 0.00022	21.2 6.3
	浓 H_2SO_4	难溶高岭石		12.54	0.00090	25.7
合计				23.74	0.0035	100.00
原矿（化学分析）			26.05	23.40	0.0036	

①易溶黏土在草酸中也能溶解，溶出的 Al_2O_3 为 9.01%，占 Al_2O_3 总量 23.40% 的 38%。

上述试验表明，镓虽以类质同象赋存于铁矿物和黏土矿物晶格中，但用酸和碱就可以破坏矿物晶格，把镓浸出来。由图 6-1 可知，用 10% 草酸溶解 5~6h，几乎可浸出全部的 Fe、71%的 Ga、38%的 Al_2O_3，其余部分镓需用强酸才能浸取出来。

通过上述手段查清了镓不呈离子吸附和 $Ga(OH)_3$ 胶体存在，主要以类质同象置换铁矿物中的 Fe^{3+} 和高岭石、三水铝石中的 Al^{3+}。镓在铁矿物中占47%，在脉石矿物中占53%。因此，在选冶过程中应注意镓的行为，并考虑进行富集回收。

6.2.3 电渗析法

电渗析法是基于在外加直流高压电场的作用下，使被吸附的离子解吸下来，并移向电性对应的电极。由于元素的赋存状态不同，被解吸的程度不同，因此常用来研究呈分散状态的元素，尤其是用显微镜看不见的呈吸附状态存在的元素。

矿物上溶解到水中的离子浓度，与该矿物中该种元素的总量之比，称为该元素的渗析率，以 η 表示。

根据 η 的数值大小，即可判定元素的赋存状态。如闪锌矿中含有铁（Fe^{2+}），在电渗析过程中，有如下反应：

$$(Zn，Fe)S \Longleftrightarrow Zn^{2+}(Fe^{2+}) + S^{2-}，Zn^{2+}(Fe^{2+}) \xrightarrow{\text{电迁移}} 阴极$$

随着铁闪锌矿的溶解，Zn^{2+}、Fe^{2+} 也不断移向阴极。在外界条件固定的情况下，该种反应是处于动态平衡的状态。如果每隔一定时间收集阴极液，分析 Zn^{2+}、Fe^{2+}，那么在单位时间内溶解锌与铁之比是一个定数，在整个电渗析过程中 Zn 的溶解曲线与 Fe 的溶解曲线斜率基本一致，这就证明了 Fe 在闪锌矿中是以类质同象状态存在的。如果得到与此相反的结果，表明不是呈类质同象状态。

用电渗析法对某白泥矿中铁的赋存状态进行了考查。试验条件：原矿细度在 $74\mu m$（200目）以下，固液比为 5∶100g/mL，室温10℃，连续搅拌，pH=5，最大电压为15V，起始电流为15mA。试验结果见表6-4。电渗析结果表明：铁的电渗率极低，说明样品中没有呈离子状态存在的铁。经多种手段研究结果表明，铁主要以独立矿物针铁矿、赤铁矿形式存在，微量呈类质同象赋存于硅酸盐矿物中。

表6-4 电渗析试验结果

产物	试验次数及项目					
	1			2		
	pH值	$w(TFe)/\%$	电渗率/%	pH值	$w(TFe)/\%$	电渗率/%
可溶性铁		微			微	
阴极室溶液	5~5.5	微	0	4~5	微	
阳极室溶液	6~7	微	0	4.5	微	0

续表6-4

产物	试验次数及项目					
	1			2		
	pH 值	$w(TFe)/\%$	电渗率/%	pH 值	$w(TFe)/\%$	电渗率/%
中室溶液	5.0	微		5.0	微	0
残渣		1.64	0		1.60	
原矿		1.64	0		1.64	

在电渗析过程中，直流高压电场对被吸附离子的作用力远远大于由于化学亲和力而产生的吸附力，因此被吸附离子能被解吸下来，并向极性相反的电极迁移。如果元素呈吸附态，由于胶体表面有剩余力场，能对溶液中异号离子产生吸附，其吸附量远远大于元素呈类质同象分散状态的量，矿物对某元素吸附量越大，其电渗析率也越高。如某高岭石内含吸附铀，铀的渗析率 $\eta = 70\% \sim 80\%$。显而易见，呈吸附状态的 η 远远大于呈其他状态的 η 值，这是呈吸附状态的元素的一个极为重要的特征。由 η 的大小就可将呈吸附态的元素与呈其他状态的元素区别开来，其渗析率 η 的大小顺序为：吸附态 $\geqslant$ 矿物态 > 类质同象态及原子、分子分散状态。

6.2.4 电子探针法

矿石中有益、有害元素，除表生条件下常以吸附状态存在外，主要有两种形式：一是参与矿物的结晶格架（或为主要成分，或为类质同象混入物）；二是呈微细的矿物包裹体。电子探针在光片或薄片上的扫描图像，可直接显示元素的分布状况。如果元素在矿物中是分散而均匀地分布，便可初步认定是以类质同象混入物状态存在。例如，钛铁金红石中的钛、铁和铌即属此类。另外，我国铁铜矿床中普遍存在的含钴黄铁矿，钴在黄铁矿中也是呈类质同象状态。但如果钴含量大于1%时，则往往形成不均匀分布的环带结构。以微细包裹体状态存在的元素，它的分布通常是极不均匀的，其特点是在一点、几点或小面积上非常富集。例如，某地黑色锡石中 $w(Ta_2O_5) = 2.21\%$，$w(Nb_2O_5) = 1.7\%$，以前认为 Nb、Ta 是类质同象混入。经电子探针扫描，证实锡石本身的 Nb、Ta 含量很低，而在锡石的裂隙中却发现了不少细晶石和铌铁矿包裹体。又如黑云母中常含有各种稀有、稀土元素，以往也认为是类质同象混入物。但探针分析（包括样品大面积扫描和特定部位定点分析）证实，黑云母中存在稀土元素含量较高的褐帘石。某钒钛磁铁矿床中伴生有一定储量的可供综合利用的铬，探针研究发现，其中一部分铬均匀分布在钒钛磁铁矿中，一部分则以铬铁矿-铬尖晶石独立矿物形式出现。许多铅锌矿床和铜矿床中，凡伴生银品位稍高者，均发现银有一定比例以独立矿物形式被包裹在伴生的矿物之中，矿床中有害杂质的查定，像铁矿床中的 Sn、As、Si、P 等，利用电子探针分析也起到了良好的作用。如广西一些铁矿床（点）中，有害杂质元素含量较高，回收的精矿中杂质元素不合要求。例如，赤铁矿精矿中 Si 含量高，选矿曾以为是磨矿粒度不够细所致。但进一步细磨后，并未达到降低精矿含 Si 的目的。通过电子探针分析发现，虽然其中一部分赤铁矿鲕粒中心有石英的独立矿物，但也有相当数量的赤铁矿鲕粒是 Si、Fe 比例不一的混合物，从而为选矿工艺的改进提供了依据。

6.2.5 激光显微光谱法

应用激光显微光谱研究元素的赋存状态，其原理是依据矿石中各种元素的特征谱线。由特征谱线确定元素的性质，谱线的强度大小反映了元素含量的多少。又根据矿物的基质元素与外来元素的谱线相关关系来确定外来元素在矿物中的赋存状态。假设某矿物含有特征谱线 X 元素，另外又含有外来元素 Y。现在假设激射 20 颗该矿物，则必定有 20 条 X 谱线，至于 Y 谱线的出现可分为几种情况：

（1）在出现 20 条 X 谱线的同时，也出现 20 条 Y 谱线，并且两种谱线的黑度值是正消长关系。在同一矿物中当元素的含量为一定值时，其黑度值是随着该元素的蒸发量的增加而增大，反之亦然，矿物蒸发量变大（或变小）。这说明 X 元素与 Y 元素是同相，即 Y 元素是以类质同象或均匀分散状态赋存在某矿物中。

（2）在出现 20 条 X 谱线的同时，也出现 20 条 Y 谱线，但两者没有规律，说明不是同相关系。这种情况下，Y 元素是以单矿物出现，并表明每一颗被激射的矿物中，都有含 Y 元素的矿物，但含量不同。故当激射某矿物时，在光谱底板上反映出 X 元素与 Y 元素在黑度值关系上很不规则，没有一定的比例关系（这种情况出现的可能性较少）。

（3）在出现 20 条 X 谱线的同时，出现了少于 20 条的 Y 谱线。这说明 X 元素与 Y 元素不是同相关系，而是以单矿物形式出现。

以攀枝花钛铁矿中镁的赋存状态研究为例，首先取攀枝花钛铁精矿少量，制成光片，用激光对光片上 20 颗欲测矿物进行激光摄谱。测 Fe、Ti、Mg 谱线的黑度值，并绘出三元素的相关曲线如图 6-5 所示。再取出同样少量试样，在研钵中研磨至 $10\mu m$ 以下，压制成型。用同样的条件，激射摄谱。测量 Fe、Ti、Mg 的谱线黑度值，并绘制出三元素的相关曲线如图 6-6 所示。

从图 6-5 可以看出 Fe、Ti、Mg 是正消长关系，可认为攀枝花钛铁矿中的镁是以类质同象存在于钛铁矿中。从图 6-6 中也可看出 Fe、Mg、Ti 是正消长关系。由于样品已是研磨至 $10\mu m$ 以下，因而可认为是以类质同象存在；或者是以小于 $10\mu m$ 的细小矿物存在于钛铁矿中。

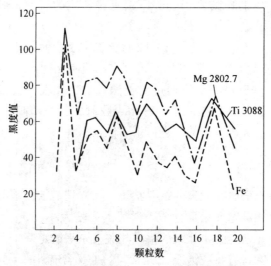

图 6-5   钛铁矿中 Fe、Ti、Mg 相关曲线

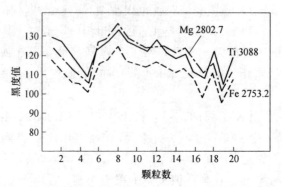

图 6-6   钛铁矿磨细至 10μm Fe、Ti、Mg 的相关曲线

为证明此法的可靠性,将同样样品进行电子探针分析和物相选择性溶解,结果如表 6-5 和图 6-7 所示。证明攀枝花矿区钛铁矿中镁是以类质同象存在。

表 6-5   7 个颗粒钛铁矿的电子探针分析结果   (%)

测点	1	2	3	4	5	6	7
$w(Mg)$	4.5	4.5	4.7	5.6	5.4	5.1	5.6
$w(Ti)$	33.7	33.2	33.0	33.6	33.1	33.6	33.8

由于激光显微光谱可以直接在光片、薄片、矿石、重砂颗粒上进行分析,从而解决了其他分析中难以解决的微量瞄准问题,同时也省掉了单矿物的挑选时间。

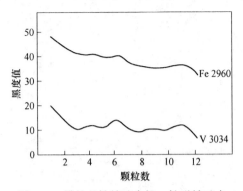

图 6-7 攀枝花铁精矿中钒、钛磁铁矿中
钒和铁的相关曲线

6.2.6 数理统计法

近年来用数学方法解决地质问题已日益引起重视，并已用于矿石中元素赋存状态的研究。把大量的化学分析数据用数理统计方法进行综合、整理、计算，运用所获得的有关数据，就可以对矿石中元素赋存状态加以定性或定量判断。常用的数理统计方法归纳起来有下述两类。

6.2.6.1 一元线性回归分析相关系数法

一个变量（因变量）y 在某种程度上随另一变量（自变量）x 而变化时，可设想它们有下列关系：$y=a+bx$。要求根据实际资料求出系数 a，b。建立回归方程，并计算上述方程的可靠程度。

$$b = \frac{\sum (x_i - \bar{x})(y_i - \bar{y})}{\sum (x_i - \bar{x})^2} = \frac{\sum x_i y_i - \dfrac{1}{N_{sa}}(\sum x_i)(\sum y_i)}{\sum x_i^2 - \dfrac{1}{N_{sa}}(\sum x_i)^2} \tag{6-1}$$

$$a = \bar{y} - b\bar{x} \tag{6-2}$$

式中，x_i 为第 i 个样品某元素的分析值；y_i 为第 i 个样品另一元素的分析值；$\bar{x} = \dfrac{1}{N_{sa}}\sum x_i$（$x_i$ 的平均值）；$\bar{y} = \dfrac{1}{N_{sa}}\sum y_i$（$y_i$ 的平均值）；N_{sa} 为样品总数。

方程的误差用 $2s$ 来表示：

$$s = \sqrt{\frac{\sum \Delta_Y^2}{N_{sa} - 2}} \tag{6-3}$$

式中，$\Delta_Y = y_i - a - b_{x_i}$。即为实际 y_i 值与计算所得 y_i 值之差。

$2s$ 越小，表示方程的精度越高，如图 6-8 所示。给定一个 X_0 相应的 Y_0 落在带形区域内的概率为 95%。

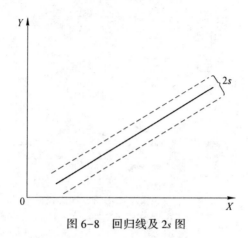

图 6-8   回归线及 2s 图

为了表示 x 和 y 的线性关系，令：

$$\gamma = \frac{\sum (x_i - \bar{x})(y_i - \bar{y})}{\sqrt{\sum (x_i - \bar{x})^2 \sum (y_i - \bar{y})^2}} \tag{6-4}$$

γ 称为相关系数，γ 范围为 $-1 \sim 1$。γ 绝对值越接近 1，表示 x、y 关系越密切。γ 值大小与样品数有关。对于给定的样品数，可查 "相关系数检验表"。若计算所得 γ 值大于表上的值，表明 y 与 x 相关，同时也表明回归方程有意义（查表时一般要求 $a = 0.05$，即信度为 95%）。

用 Ni 和 P_2O_5 举例说明计算程序。根据表 6-6 所列数据可知：$\sum x_i = 41.83$，$\sum y_i = 0.228$，$N_{sa} = 14$，$\bar{x} = 2.99$，$\bar{y} = 0.016$，$\sum (x_i - \bar{x})^2 = 22.3835$，$\sum (y_i - \bar{y})^2 = 0.0008$，$\sum (x_i - \bar{x})(y_i - \bar{y}) = -0.1075$，$b = -0.0048$，$a = 0.016 - (-0.0048) \times 2.99 = 0.0306$，$s = 0.0049$，$\gamma = 0.804$。

回归方程：$y = 0.0306 - 0.0048x$。

表 6-6   Ni 和 P_2O_5 的分析值

编号	Ni(y_i)/%	P_2O_5(x_i)/%	编号	Ni(y_i)/%	P_2O_5(x_i)/%
1	0.009	4.00	8	0.014	1.70
2	0.013	3.44	9	0.016	2.92
3	0.006	3.60	10	0.014	4.80
4	0.025	1.00	11	0.016	3.28
5	0.022	2.04	12	0.012	4.16
6	0.007	4.74	13	0.020	3.35
7	0.036	0.60	14	0.018	2.20

J. A. McArthur 用本方法研究了摩洛哥附近陆缘含铁磷块岩中微量元素的赋存状态。他首先把标本分成含铁磷块岩及含黄铁矿磷块岩两大类。对各种元素计算其相关系数，并进行简化的主轴回归分析。如果元素间的相关系数及诱导相关系数的显著性 α 大于5%水平则弃去。现将计算结果（见表6-7）简述如下：

表 6-7　摩洛哥磷块岩简化主轴回归相关系数

共生组合	γ	显著性 α/%	回归线		轴截距误差
			斜率	轴截距	
0—S 与 As	0.65	2	38.3	-6.5×10^{-6}	9.0
	0.93	0.1	32.8	-1.3×10^{-6}	4.0
0—S 与 Cu	0.59	5	18.9	8.6×10^{-6}	4.7
0—S 与 Ni	0.98	0.1	52.5	2.2×10^{-6}	3.2
0—S 与 Zn	0.57	5	95.2	-4.4×10^{-6}	170
0—S 与有机炭	0.71	1	0.68	0.064×10^{-6}	0.16
0—有机炭 与 Cu	0.59	5	17.1	6.7×10^{-6}	4.5
0—有机炭 与 Ni	0.67	1	35.4	5.6×10^{-6}	8.6
0—(有机炭+S) 与 Cu	0.64	2	10.9	5.2×10^{-6}	3.6
+—Fe 与 As	0.88	0.1	6.8	15×10^{-6}	6.9
+—Fe 与 Mn	0.75	0.1	20.7	0.3×10^{-6}	2.8
+—Fe 与 V	0.54	1	10.6	25×10^{-6}	18
	0.86	0.1	10.8	-4×10^{-6}	15
+—Na 与 P$_2$O$_5$	0.92	0.1	0.039	-0.059×10^{-6}	0.058
0—Na 与 P$_2$O$_5$	0.88	0.1	0.035	0.115×10^{-6}	0.093
+—Sr 与 P$_2$O$_5$	0.88	0.1	59.1	-64×10^{-6}	108
0—Sr 与 P$_2$O$_5$	0.94	0.1	87.7	-355×10^{-6}	136
+—S 与 P$_2$O$_5$	0.89	0.1	0.034	-0.068×10^{-6}	0.059

注："0"表示仅含黄铁矿的磷块岩；"+"表示仅含铁磷块岩。斜率计算时，x、y 轴所取单位不同。

（1）关于 Na、Sr、SO_4^{2-}、CO_3^{2-}。Na、Sr 与 P$_2$O$_5$ 关系密切，可能为交代细晶磷灰石中 Ca 所致。从回归线截距可以看出：仅有少量 Na、Sr 存在于其他相中。同时，由于 Na 置换 Ca 需要电荷平衡，所以 CO_3^{2-}、SO_4^{2-}，故 P$_2$O$_5$ 高时，CO_3^{2-}、SO_4^{2-} 也高。S 以 SO_4^{2-} 形式存在于磷灰石晶格中，这点从 S 与 P$_2$O$_5$ 之间的高相关系数及回归线截距几乎为 0 就可看出。

（2）关于 Cu、Ni、Zn、As。在含黄铁矿磷块岩中，Cu、Ni、Zn、As 与黄铁矿的 S 有很高的相关系数，且轴截距几乎为零（在截距标准误差范围内），这表明它们主要存在于黄铁矿中。Ni 与有机碳的相关系数也较高，但这可以肯定是诱导相关（因 Ni 与 S，有机碳与 S 的相关系数都很高）。Cu 与有机碳的相关系数和它与黄铁矿中 S 的相关系数相等，而 Cu 与（有机炭+黄铁矿中的 S）的相关系数较高，说明 Cu 与黄铁矿及有机碳都有关。经电子探针分析，证明这些元素在黄铁矿中都是均匀分布的（Zn 偶尔不均匀）。试验结果与上述分析结论一致。

（3）关于 V、Mn、As。在含铁磷块岩中，Fe 与 V、Mn、As 相关系数高，似乎说明这些元素大部分存在于针铁矿中。As 的截距达 15×10^{-6}，表明一部分（0.0015%）的 As 存在于其他相中。

6.2.6.2　平均值与均方差法

在研究元素赋存状态时，还常用人们熟知的平均值与均方差法。这就是利用矿石中两种元素之间的消长关系、离散程度、变化系数来判断其存在形式。

计算公式为：
$$\bar{x} = \frac{\sum x_i}{N_{sa}} \tag{6-5}$$

$$s = \sqrt{\frac{\sum (x_i - \bar{x})^2}{N_{sa} - 1}} \tag{6-6}$$

式中，$\bar{x}$ 为分析平均值；x_i 为第 i 个分析值；N_{sa} 为样品个数；s 为均方差。

当两元素平均值之比 $\bar{x}_m / \bar{x}_n$ 和均方差之比 S_m / S_n 相差较大时，以独立矿物形式存在。反之则以分散形式存在。现举例说明，见表6-8。

表6-8　$\bar{x}_m / \bar{x}_n$ 与 S_m / S_n 值比较表

分析项目	统计值				
	平均值	均方差	$\bar{x}_m / \bar{x}_n$	S_m / S_n	矿石类型
Fe	22.76	6.736	115	107	塔东变质铁矿石
V	0.198	0.063			
S	3.126	1.538	259	320	塔东变质铁矿石
Co	0.0078	0.0048			
Zn	56.16	2.15	476	43	孟恩铅锌矿 纯闪锌矿
Ag	0.118	0.05			
Pb	85.2	0.90	304	7	孟恩铅锌矿 纯方铅矿
Ag	0.28	0.13			

从表6-8可知，按照平均值和均方差判断独立矿物和分散矿物形式的原则，很容易确定：由于 Fe、V 的平均值和均方差的比值很接近，故钒是以类质同象方式存在于铁矿物之中，同理 Co 在硫化物中同样也是以分散形式存在；而 Ag 在方铅矿和闪锌矿中均是以独立矿物形式存在。事后的详细检定也确实证明存在着钒磁铁矿和含钴黄铁矿以及银的独立矿物。

也有利用均方差和平均值之比，即变化系数来进行比较的。当两元素的变化系数（$s/\bar{x}$）相差小时，可能以分散形式存在（一般认为是小于 20%）；当变化系数差大时（其值大于 80%），可能以独立矿物形式存在。

由表 6-9 可知，钴在硫化物中主要以独立矿物存在。而电子探针分析也表明，钴确实存在于含钴的镍黄铁矿、硫钴矿、硫镍钴矿和辉钴矿中，MgO 在钛铁矿中呈类质同象。

表 6-9　各组分统计平均值、均方差之比值与变化系数

分析项目	平均值（$\bar{x}$）	均方差（s）	$\bar{x}_m/\bar{x}_n$	S_m/S_n	$s/\bar{x}$
S	39.51	0.153	141.1	3.1	0.00387
Co	0.28	0.050			0.179
TiO$_2$	50.41	0.281	10.3	12.8	0.0056
MgO	4.89	0.022			0.0045

矿石中 MgO 和 TiO$_2$ 含量之间的回归方程如下：

$$a_{TiO_2}=46.344+1.041a_{MgO}$$

信度 5% 的变化区间为 ±1.224。

表 6-10 中列出了说明元素间的变化系数与赋存形式关系的几个实例。

表 6-10　元素间变化系数比较表

样品名称	元素	变化系数	赋存形式	矿石产地
磁铁矿石	Fe	0.296	（0.32-0.296）/0.32＝7.5%，故 V 是以类质同象方式存在于磁铁矿中	塔东铁矿
	V	0.32		
黄铁矿-磁铁矿石	S	0.49	（0.55-0.49）/0.55＝11%，故 Co 在黄铁矿中呈类质同象	塔东铁矿
	Co	0.55		
镍黄铁矿-黄铜矿石	Cu	0.16	（0.93-0.16）/0.93＝83%；（0.78-0.16）/0.78＝79%，Ni 和 Co 相对于黄铜矿形成独立矿物；（0.93-0.78）/0.93＝16%，Co 与 Ni 在镍黄铁矿中形成类质同象	赤松柏铜镍矿
	Ni	0.93		
	Co	0.78		
闪锌矿	Zn	0.038	（0.424-0.038）/0.424＝91%，故 Ag 在闪锌矿中形成独立矿物，同理 Sb 也是以独立矿物存在	孟恩铅锌矿
	Ag	0.424		
	Sb	0.87		
方铅矿	Pb	0.0105	（0.464-0.0105）/0.464＝97%，故 Ag 在方铅矿中形成独立矿物，同理 Sb 也是以独立矿物形式存在	孟恩铅锌矿
	Ag	0.464		
	Sb	0.70		

用数理统计方法来研究矿石中元素赋存状态的例子很多，除上面谈到的以外，尚有用相关矩阵研究稀土矿中稀土元素的赋存状态；用因子分析法研究超基

性岩中微量元素的赋存状态及共生组合，通过计算机模拟列出微量元素的相关矩阵、初始因子矩阵、正交因子矩阵等。并以此为基础分析得出这些元素的赋存状态；也有用群分析研究铜镍型铂矿床中铂族元素的赋存状态，通过群分析，相关系数计算，列出矩阵，并将相关系数最大的作为多元素群分图，从而获得赋存状态的结论。

复习思考题

6-1 稀土元素在矿物原料与产物中主要存在哪几种形式，其特点是什么？

6-2 元素赋存状态研究有哪几种方法，其主要特点是什么？

6-3 选择性溶解法的基本原理是什么，在应用时应注意什么问题？

6-4 电渗析法的原理是什么，主要用于研究何种赋存形式？

6-5 电子探针分析法和数理统计法相比，各有什么特点？

7 内蒙古稀土矿物工艺矿物学研究实例

7.1 稀土氧化矿

白云鄂博矿是一座世界罕见的特大型铁、稀土、铌等多金属共生矿床，现已发现有71种元素、172种矿物，具有综合利用价值的元素有26种。现已探明铁矿石资源储量为14.6亿吨；稀土资源（RE_2O_3）远景储量1.35亿吨，工业储量4360万吨，居世界第一位；铌资源（Nb_2O_5）储量占国内总储量的95%以上，居世界第二位；钍资源（ThO_2）储量约为22万吨，居世界第二位；该矿还蕴藏着丰富的钪、萤石、富钾板岩等资源。

国内外50多年来针对白云鄂博矿的综合利用进行了大量的研究，但由于白云鄂博难选氧化矿的矿石类型多，矿物品位较低且成分复杂，共生关系密切，矿物嵌布粒度细而不均，选矿过程中铁矿物和稀土矿物的回收率均不够理想。迄今为止，只有铁的回收率达71%，稀土仅有少量的回收利用，而其他有价元素如铌、钍、钪、钾、氟、磷等基本没有利用。同时尾矿库和高炉渣内的大量放射性元素、废水和废渣对周围的环境造成了严重污染。

7.1.1 研究方法

将包钢选矿厂提供的白云鄂博氧化矿石样品，分别制备成标准厚度的光学薄片和用于其他分析的粉状样品。光学显微镜分析采用olympus BH2-UMA型显微镜，通过尺线法测定主要矿物的嵌布粒度、单体解离度及含量。白云鄂博氧化矿石中铁的物相分析，先采用物理和化学法将各物相分离，然后采用原子吸收分光光度计法和滴定法测定物相铁的含量（数据由西安天宙矿业科技开发有限责任公司测试中心提供）。白云鄂博氧化矿石的化学成分分析由东北大学化学分析室分析完成。电子显微镜分析采用CAMBRIDGE公司生产的S-360扫描电子显微镜，XRD分析采用日本理学Rigaku D/Max-RD粉晶X射线衍射仪（CuK_{α}（$\lambda = 0.15418mm$）），电压和管电流分别为40kV和100mA。

7.1.2 矿石的物质组成及含量

矿石为白云鄂博氧化矿石，表7-1所列为其主要化学成分，图7-1所示为白云鄂博氧化矿石的分析结果。

表 7-1　白云鄂博矿石化学成分（质量分数）　　（%）

成分	TFe	FeO	REO	Nb_2O_5	SiO_2	Na_2O	K_2O	MgO
含量	32.17	9.04	7.14	0.127	10.42	0.98	0.57	2.14
成分	Al_2O_3	CaO	MnO	TiO_2	BaO	F	P	S
含量	0.85	16.57	0.99	0.27	1.96	6.75	0.96	1.15

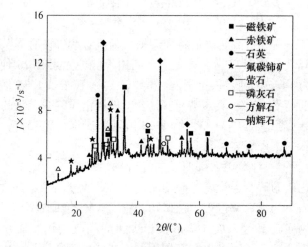

图 7-1　白云鄂博矿石的 XRD 谱图

　　从表 7-1 可以看出，白云鄂博矿石的主要化学成分为铁矿物，全铁与氧化亚铁共占 41.21%；稀土元素氧化物含量较多，占 7.14%；含有一定量的氧化铌。白云鄂博矿石中含有多种有价元素，但品位较低；从表 7-1 中还可看出，有害元素氟、磷、硫及钠、钾的含量较高。从图 7-1 中可以看出，铁矿物主要有磁铁矿、假象-半假象赤铁矿、原生赤铁矿；稀土矿物主要以氟碳铈矿为主；脉石矿物主要有萤石、石英、钠辉石、方解石、长石等等。结合化学分析和 XRD 分析结果可知，可供回收的主要有用矿物有铁矿物、稀土矿物、铌矿物。

7.1.3　白云鄂博矿石的物相分析

　　白云鄂博矿石中铁的物相分析结果见表 7-2。矿石中的铁大部分存在于磁性铁（包括半假象赤铁矿）中，占总量的 64.49%。有 9.78% 的铁以赤褐铁矿形式存在。另有多达 21.97% 的铁存在于硅酸盐矿物中，碳酸铁和硫化铁分别占 2.71% 和 1.05%。碳酸铁主要以类质同象形式存在于白云石中；硫化铁主要以黄铁矿形式存在；硅酸铁主要存在于钠闪石、钠辉石中。

表7-2 白云鄂博矿石中铁的物相分析结果 （%）

铁相	磁性铁	赤褐铁	碳酸铁	硅酸铁	硫化铁	总铁
含量	20.25	3.07	0.85	6.90	0.33	31.40
分布率	64.49	9.78	2.71	21.97	1.05	100.00

7.1.4 白云鄂博矿石中主要矿物嵌布特征

由于破碎作用，矿石中许多矿物的嵌布现象被破坏了。通过磨制的（光）薄片，结合矿物在显微镜下观察到的特征进行描述。采用光学显微镜对白云鄂博氧化矿石的主要矿物组成进行了鉴定，各主要矿物的相对含量见表7-3。

表7-3 白云鄂博矿石中的主要矿物组成及相对含量 （%）

组成	磁铁矿	半假象-假象赤铁矿	原生赤铁矿	褐铁矿	氟碳铈矿	独居石	铌矿物
含量	24.2	8.5	2.8	1.4	4.9	1.7	0.2
组成	萤石	钠辉石、钠闪石	白云石、方解石	重晶石	石英、长石	磷灰石	其他
含量	16.9	10.2	6.4	2.3	10.5	3.2	6.8

由表7-3可知，显微镜下鉴定结果跟矿石中铁的物相分析及XRD分析结果较为相符，磁铁矿含量较多，有一定量的赤铁矿和褐铁矿；此外还有10.2%的钠辉石及钠闪石，其中所含的铁是硅酸铁的主要来源。

7.1.4.1 主要铁矿物与脉石的嵌布关系特征

图7-2所示为白云鄂博氧化矿石的扫描电子显微镜图。图7-2(a)中颜色由浅至深的区域分别为独居石（Mnz）、重晶石（Brt）、铌铁矿（Col）、磁铁矿（Mag）、磷灰石（Ap）；图7-2(b)中白色区域为独居石，灰白色区域为磁铁矿，浅灰色区域为白云石（Dol），灰色区域为磷灰石，深灰色区域为钠闪石（Rbk）；图7-2(c)中浅灰白色区域为重晶石，灰色区域为黄铁矿（Py），黑色区域为石英（Qtz）。

白云鄂博氧化矿石中，含有较多的磁铁矿，多呈半自形结构。磁铁矿常包裹其他矿物存在。与其共生的铌铁矿，呈不规则他形粒状，在白云石型石中同时与磷灰石、独居石、重晶石共生。独居石与周边其他矿物紧密共生，界面不平整，形成较为复杂的镶嵌关系（见图7-2(a)）。在晚期脉中，独居石的晶体颗粒有时呈板状出现，与磁铁矿共生（见图7-2(b)）。而钠闪石则呈半自形粒状结构，与磁铁矿共生，被包裹镶嵌在磁铁矿颗粒之中。

黄铁矿在白云鄂博氧化矿石中，含量远低于磁铁矿，呈半自形结构，在白云岩中与磁铁矿共生。重晶石主要呈不规则他形粒状，呈条带状分布，与多种矿物共生，镶嵌关系极为复杂。石英在矿石中含量不高，多与重晶石共生，形状不规

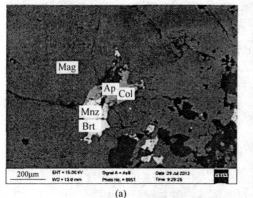

(a)

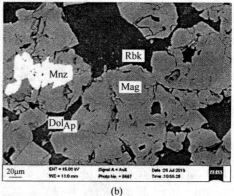

(b)

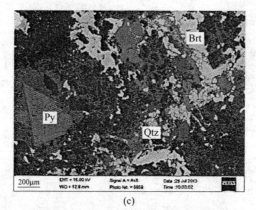

(c)

图 7-2　白云鄂博矿石的 SEM 图

则（见图 7-2(c)）。

图 7-3 所示为白云鄂博氧化矿石在光学显微镜下的矿相照片。

磁铁矿是白云鄂博矿石中分布最广的有用矿物，在一些矿样中分布较为集中，形成块状集合体。在矿相显微镜单偏光反射光下颜色较亮，呈灰色微带褐色磁铁矿（见图 7-3(a)）。磁铁矿在白云鄂博矿石中呈半自形和他形粒状结构，与脉石矿物的界面不平整，但在块状构造矿石中，常为富铁矿石，铁矿物集合体紧密镶嵌，颗粒间有少量的脉石矿物嵌布，此种矿样矿石中铁矿物含量高，并且具有较好的单体解离度（见图 7-3(g)）。碎屑状及角砾状磁铁矿的含量占矿石中磁铁矿总量的 70% 以上，粒度较大的颗粒较少，铁矿物颗粒之间彼此紧密镶嵌构成集合体。这种镶嵌结构不需要目的矿物成为单一晶体即可达到矿物的单体解离，有利于选矿。赤铁矿在铁矿物中含量少于磁铁矿，在反光显微镜下为浅灰白微带蓝色，处于磁铁矿颗粒之间（见图 7-3(h)）。

矿石中的脉石矿物主要有萤石、钠辉石、方解石等。方解石主要存在于晚期白云岩中，呈不规则粒状，在正交偏光下具有高级白干涉色，聚片双晶的双晶纹平行菱形长对角线（见图 7-3(b)）。

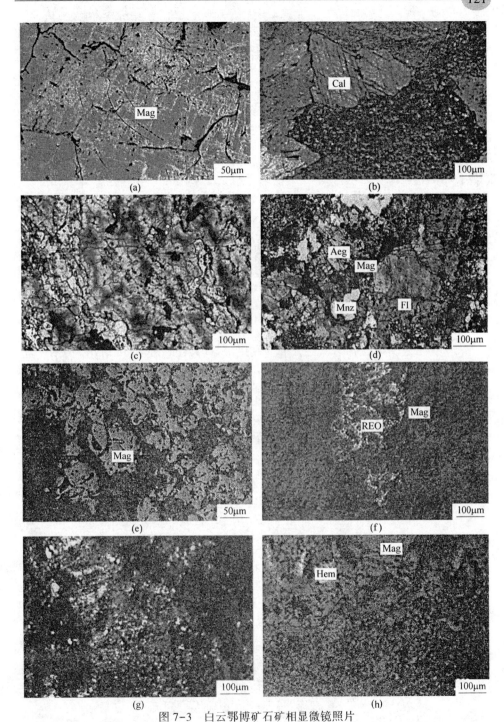

图7-3 白云鄂博矿石矿相显微镜照片

(a)，(c)，(g) 100倍反光；(b)，(e) 50倍正交偏光；(d) 50倍单偏光；(f)，(h) 50倍反光

Mag—磁铁矿；Cal—方解石；Aeg—霓辉石；Mnz—独居石；Fl—萤石；Hem—赤铁矿；REO—稀土

　　萤石是白云鄂博矿床中分布最广，生成时间延续最长的一种脉石矿物，在光学显微镜下呈深浅不匀的紫色，包裹有稀土矿物细小颗粒，直接接触处萤石变为无色，继续向外，便出现放射状紫色晕圈，有的稀土矿物周围可出现二三个晕圈（见图7-3(c)）。在白云鄂博矿的细粒钠辉石岩中，萤石与钠辉石、独居石、磁铁矿共生（见图7-3(d)）。钠辉石呈不规则他形粒状（碎屑状），在单偏光显微镜下呈浅绿色，与铁、稀土、铌、稀有元素矿物密切有关，是白云鄂博矿的典型矿物之一。独居石为粒状颗粒，在单偏光显微镜下，具微黄色，是白云鄂博矿最广泛分布的稀土矿物之一。

　　图7-3(e)和图7-3(f)分别为50倍矿相显微镜在正交偏光和反射光下的稀土矿物，与铁矿物条带共生，是白云鄂博氧化矿石中常见的一种矿石构造。这种条带状构造矿石主要分布在萤石、钠辉石型矿石中，铁矿物、稀土矿物及萤石、钠辉石各自形成宽窄不一的条带状集合体相间排列成条带，图7-3(f)中条带为稀土矿物集合体。稀土矿物、铁矿物主要是他形粒状结构，与其他矿物不规则镶嵌，属于难解离型。

7.1.4.2　铁尾矿嵌布粒度特征

　　通过镜下观察可以知道，白云鄂博氧化矿石可供回收的主要有用矿物中，稀土矿物和铌矿物分布较为分散，含量很少而且常与其他矿物共生；与它们相比，矿石中的铁矿物含量较多，更是回收利用矿石的重中之重。为查明此矿石中主要铁矿物的粒度分布特点，采用显微镜下过尺线法测定主要矿物的嵌布粒度。根据白云鄂博氧化矿石主要铁矿物的嵌布粒度数据，可计算得出，磁铁矿平均粒度为0.042mm、赤铁矿平均粒度为0.018mm，粒度小于0.030mm的颗粒都占总量的70%以上。磁铁矿和赤铁矿的累积含量分布如图7-4所示，从图7-4中可以看

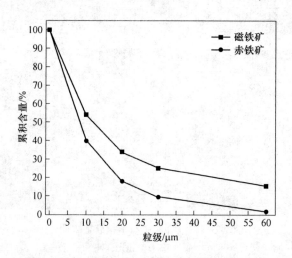

图7-4　白云鄂博矿石中铁矿物累计含量分布图

出，磁铁矿和赤铁矿在细粒区的曲线很陡，而在粗粒区的曲线则较缓，两者的曲线形状都明显地弯向细粒区。这说明，白云鄂博氧化矿石中的铁矿物颗粒都是以细粒为主，粒级分布明显集中，在进行完深度还原与弱磁分选后可采用一段磨矿工艺，磨矿至所需粒度进行筛分和磁选从而得到最终所需的铁粉。

7.2 铁 矿 石

7.2.1 矿石的成分

矿石主要化学成分分析结果见表7-4，主要矿物分析结果如图7-5所示，显微镜下测定的各矿物含量见表7-5。

表 7-4 矿石主要化学成分分析结果

成分	TFe	FeO	REO	Nb_2O_5	SiO_2	Na_2O	K_2O	MgO
含量/%	31.40	9.04	7.14	0.127	10.42	0.98	0.57	2.14
成分	Al_2O_3	CaO	MnO	TiO_2	BaO	F	P	S
含量/%	0.85	16.57	0.99	0.27	1.96	6.75	0.96	1.15

从表 7-4 可以看出，矿石主要化学成分为铁，占 31.40%，其中 FeO 占 9.04%；稀土氧化物（REO）含量较高，占 7.14%；Nb_2O_5 含量占 0.127%；有害元素氟、磷、硫及钠、钾的含量较高。

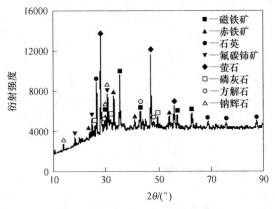

图 7-5 矿石的 XRD 图谱

从图 7-5 可以看出，铁矿物主要有磁铁矿、假象-半假象赤铁矿、原生赤铁矿；稀土矿物以氟碳铈矿为主；脉石矿物主要有萤石、石英、钠辉石、方解石、长石等。

化学分析和 XRD 分析结果表明，可供回收的主要有用矿物有铁矿物、稀土矿物、铌矿物。

表 7-5　矿石主要矿物组成及相对含量

矿物	磁铁矿	半假象-假象赤铁矿	原生赤铁矿	褐铁矿	氟碳铈矿	独居石	铌矿物
含量/%	24.2	8.5	2.8	1.4	4.9	1.7	0.2
矿物	萤石	钠辉石、钠闪石	白云石、方解石	重晶石	石英、长石	磷灰石	其他
含量/%	16.9	10.2	6.4	2.3	10.5	3.2	6.8

从表 7-5 可以看出，矿石中的主要矿物磁铁矿、萤石含量较高，其次是石英与长石、钠辉石与钠闪石、假象-半假象赤铁矿、白云石与方解石、氟碳铈矿等，其他矿物含量均较低。

7.2.2　铁相态

矿石铁物相分析结果见表 7-6。

表 7-6　矿石铁物相分析结果　　　　　　　　　（%）

铁相态	含　量	分布率
磁性铁	20.25	64.49
赤褐铁	3.07	9.78
碳酸铁	0.85	2.71
硅酸铁	6.90	21.97
硫化铁	0.33	1.05
总　铁	31.40	100.00

从表 7-6 可以看出，矿石中的铁主要为磁性铁、占总铁的 64.49%，有 9.78% 的铁以赤褐铁矿形式存在，另有多达 21.97% 的铁存在于硅酸盐矿物中，碳酸铁和硫化铁分别占总铁的 2.71% 和 1.05%。

7.2.3　主要矿物的嵌布特征

7.2.3.1　铁矿物

矿石中的有用铁矿物有磁铁矿、赤铁矿。磁铁矿粗颗粒较少，主要以碎屑状及角砾状形式存在，占矿石中磁铁矿总量的 70% 以上，磁铁矿块状集合体也会偶见，如图 7-6 所示；磁铁矿多呈半自形和他形粒状结构，与脉石矿物的界面不平整，也常包裹其他矿物，在白云石型矿石中，磁铁矿同时与钶铁矿、磷灰石、独居石、重晶石共生，如图7-7所示；块状构造铁矿石常为富铁矿石，铁矿物集合体紧密镶嵌，颗粒间有少量的脉石矿物嵌布，但单体解离较容易，如图7-8所示；矿石中的赤铁矿多紧密镶嵌在碎屑状及角砾状磁铁矿中构成铁矿物集合体，如图7-9所示，在磨矿时无需实现彼此的解离即可实现赤铁矿的高效、低成本回收。

图7-6 磁铁矿集合体

图7-7 白云石型矿石中磁铁矿与多种矿物共生的SEM图片

图7-8 块状构造矿石中的磁铁矿

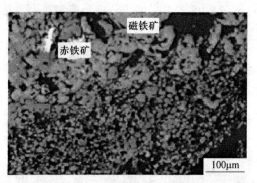

图 7-9 碎屑状及角砾状磁铁矿中紧密镶嵌的赤铁矿

碳酸铁主要以类质同象的形式存在于白云石中，硫化铁主要以黄铁矿形式存在，硅酸铁主要存在于钠闪石、钠辉石中。

7.2.3.2 稀土矿物

矿石中分布最广泛的稀土矿物为独居石，呈粒状，与周边其他矿物紧密共生，界面不平整，形成较为复杂的镶嵌关系，如图 7-10 所示；萤石、钠辉石型矿石中的稀土矿物常与铁矿物呈条带状共生，铁矿物、稀土矿物、萤石及钠辉石各自形成宽窄不一的条带，这些条带相间排列呈集合体，图 7-11 所示为磁铁矿条带所夹的稀土矿物集合体条带。由于稀土矿物和铁矿物均主要为他形粒状结构，与其他矿物不规则镶嵌，因此，单体解离较困难。

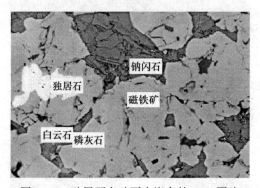

图 7-10 独居石在矿石中嵌布的 SEM 图片

7.2.3.3 脉石矿物

脉石矿物主要包括：

（1）萤石。萤石是白云鄂博矿床中分布最广、生成时间延续最长的一种脉石矿物，部分萤石包裹有稀土矿物细小颗粒如图 7-12 所示。

（2）钠辉石。钠辉石是白云鄂博矿的典型矿物之一，呈不规则他形粒状（碎屑状），与萤石、独居石、磁铁矿共生关系密切，如图 7-13 所示。

图 7-11 夹在磁铁矿条带中的稀土矿物条带

图 7-12 包裹有稀土矿物的萤石

图 7-13 与萤石、独居石、磁铁矿紧密共生的钠辉石

(3) 方解石。方解石主要存在于晚期白云岩中, 呈不规则粒状, 如图 7-14 所示。

(4) 重晶石与石英。重晶石主要呈不规则他形粒状、条带状分布, 与多种矿物共生, 镶嵌关系极为复杂; 石英在矿石中含量不高, 多与重晶石共生, 形状不规则, 如图 7-15 所示。

图 7-14　方解石的嵌布特征

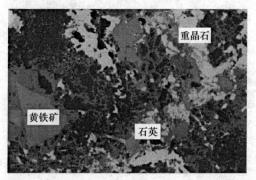

图 7-15　与重晶石等紧密共生的石英 SEM 图片

7.2.4　铁矿物的嵌布粒度分析

　　铁矿物是矿石中的主要回收矿物，因此，采用显微镜下过尺线法对铁矿物的嵌布粒度进行了测定，磁铁矿、赤铁矿的筛上正累计曲线如图 7-16 所示。

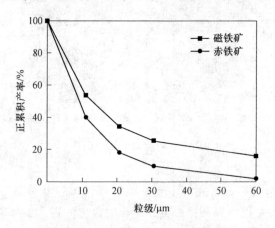

图 7-16　矿石中铁矿物的正累计产率

从图 7-16 可以看出，磁铁矿的筛上正累计曲线在赤铁矿的上方，且磁铁矿和赤铁矿的筛上正累计曲线在细粒级区均很陡，而在粗粒级区均较平缓，说明矿石中磁铁矿的嵌布粒度较赤铁矿粗，且铁矿物嵌布粒度均以微细粒为主，嵌布粒度大于 10μm 的赤铁矿、磁铁矿分别仅占 40% 和 54%，大于 30μm 的赤铁矿、磁铁矿更是仅有 9.7% 和 25.4%。

7.2.5 矿石的可选性分析

工艺矿物学研究表明，矿石成分复杂、共生关系密切，铁矿物、稀土矿物作为主要有用矿物，嵌布粒度微细且不均匀，直接采用先磨后选工艺回收有用成分相当困难，且难以获得较高的回收效率。大量的研究表明，宜采用深度还原焙烧再分选工艺回收铁和稀土。矿石中的主要脉石矿物萤石是表面活性物质，在进行深度还原焙烧时，具有降低烧结熔点、黏度和表面张力的效果。

7.3 高温稀土矿物

白云鄂博矿床中的稀土元素主要是以独立的矿物形式赋存，主要矿物有氟碳铈矿和独居石两种。由于这两种稀土矿物在光学性质、物理性质和化学性质等方面在很大程度上是相近的，这给工艺矿物学研究带来了相当大的困难。

以往，在选矿工艺矿物学研究方面，主要是利用氟碳铈矿和独居石的光性不同（前者为一轴正晶，后者为二轴正晶）定性地在显微镜下识别它们，或利用这两种矿物折光率的不同（独居石 $N_g = 1.823 \sim 1.827$，$N_m = 1.779 \sim 1.786$，$N_p = 1.779$；氟碳铈矿 $N_o = 1.712 \sim 1.723$，$N_e = 1.798 \sim 1.812$。前者折光率都高于 1.74，后者 $N_e > 1.74$，$N_o < 1.74$）区分它们。但这些方法都只能解决定性问题，操作也不一定简单，加之稀土矿物颗粒甚小，有些给鉴定造成一定困难。

鉴于稀土矿物经过 550℃ 以上灼烧一定时间后，氟碳铈矿在光学性质上起了显著的变化，而独居石基本不发生变化。这就给在显微镜下识别它们提供了方法基础，为氟碳铈矿、独居石的矿物定量及其解离度测定创造了条件。本节探讨了氟碳铈矿灼烧后工艺性质的变化。

7.3.1 稀土矿物灼烧后的变化

在 25mL 的瓷舟中，称入 1g 重的稀土混合精矿试样，在马弗炉中以 550℃ 的温度灼烧 2h，然后取出试祥，分别进行 X 射线衍射和化学分析并在镜下观测矿物的变化。

通过对烧灼试样的分析和鉴定证明独居石未发生相变，而氟碳铈矿已产生相变。

根据氟碳铈矿的差热曲线看出，氟碳铈矿在 550℃ 左右有一吸热效应，对应这一吸热效应有明显的失重，故氟碳铈矿经灼烧后矿物完全分解，二氧化碳全部逸出，氟的含量也随着温度的提高、灼烧时间的延长，会明显的减少，热分解后形成了等轴晶相的稀土氧化物，稀土的氟氧化物及含氟的氧化物。由于这个相变的原因，使氟碳铈矿无论在成分上、光学性质上或化学性质上都起了很大的变化。

（1）氟碳铈矿灼烧后光学性质的变化。氟碳铈矿经 550℃ 灼烧后颜色变化明显，由原来的浅黄色变成褐到红褐色。聚光镜下呈黄色。矿物表面坑洼不平，起麻点，出现明显混浊。大部分矿物已成为均质性，全消光。未变为均质性的矿物颗粒，干涉色也显著降低，最高为二级，折光率显著升高远远大于 1.74，并普遍呈现不规则波状消光。

（2）氟碳铈矿灼烧后化学性质的变化。氟碳铈矿灼烧后，其结构和成分发生很大的变化，由原来含 REO 为 70% 左右的氟碳铈矿可增至含 REO 为 85% 以上。这些热分解的产物，在酸中的溶解情况与未变化的氟碳铈矿显著不同。用10% 盐酸对灼烧前后氟碳铈矿的溶解量分别测定结果表明，灼烧前为 20.8%，灼烧后为 98.6%，灼烧后的产物在酸中溶解度大大提高。

7.3.2　氟碳铈矿灼烧后性质的改变在工艺矿物学中的应用

7.3.2.1　氟碳铈矿、独居石可在显微镜下分别定量

氟碳铈矿和独居石灼烧后，在显微镜下表现截然不同，这就为分别对它们进行矿物定量创造了条件。

灼烧后的稀土矿物在单偏光镜下，独居石为无色，表面比较光滑，其结构无明显变化，而氟碳铈矿产生相变后的镜下特征已如前述，这种光学性质的改变，在显微镜下极好区分它们，那么再用一般的矿物定量方法，如颗粒法、线条法和面积法，则可分别测出这两种稀土矿物的矿物量。

7.3.2.2　在解离度测定中的应用

通过灼烧改变稀土矿物性质，使镜下分别测定氟碳铈矿和独居石的解离度成为可能并对配合选矿工艺具有现实的指导意义。

在配合稀土矿物分离的选矿工艺物质成分工作中，找出了独居石选别效果不佳的原因：在对混合稀土精矿进行氟碳铈矿和独居石的分选工艺试验中，尽管氟碳铈矿纯度能提高到 97% 以上，但其尾矿中独居石的纯度并不理想。因无法在显微镜下单独测定独居石的解离度，其原因得不到解释。用此法测出独居石仍有20% 左右尚未解离，答案清楚了对选矿工艺有指导作用。

7.3.2.3　在化学分离中的应用

由于该矿区的氟碳铈矿和独居石颗粒较细，又经常密切共生，加之性质相

似。用一般物理方法很难将二者分离，若用化学选溶分离，氟碳铈矿虽然在酸中的溶解度大于独居石，但溶解不易完全。若提高酸的浓度，则又要溶解相当部分的独居石。

若样品经灼烧热处理后，氟碳铈矿发生分解，其产物在酸中的溶解度大大提高。据此制定稀土物相分析方法。即样品经过灼烧后，再用稀盐酸（10%）溶解，氟碳铈矿完全溶解，而独居石则很少溶解，进而达到化学分离的目的。

7.4 稀土尾矿

7.4.1 矿石的组成

7.4.1.1 矿石的化学成分

对白云鄂博稀土尾矿（以下简称尾矿）化学元素分析结果见表7-7：尾矿中主要矿物为稀土矿物、铁矿物及萤石矿物；矿石中主要杂质元素为硅、钡、镁、锰等，表明矿石中含有一定量的石英或硅酸盐矿物。

表7-7 尾矿化学元素组成 （%）

成分	Ca	F	Fe	REO	Si	Ba	Mn
质量分数	18.63	15.03	14.10	9.45	5.87	3.24	2.15
成分	Mg	Al	S	P	Na	K	Ti
质量分数	1.81	1.75	1.70	1.46	0.96	0.39	0.35

7.4.1.2 矿石的矿物组成

对尾矿进行 X 射线衍射分析，结果如图 7-17 所示。从图 7-17 可知，尾矿

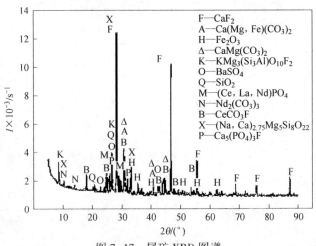

图 7-17 尾矿 XRD 图谱

中成分比较复杂，尾矿中主要矿物为赤铁矿、氟碳铈矿、独居石、萤石等矿物。由 MLA 定量测得尾矿中主要矿物的结果见表 7-8。从矿物组成可以得出，铁元素主要是以赤铁矿形式存在，稀土矿物为独居石和氟碳铈矿，氟元素主要赋存在萤石中，磷元素主要赋存在磷灰石和独居石中。矿物中脉石矿物主要有角闪石、辉石、磷灰石、方解石、白云石等。

表 7-8 尾矿中矿物组成 （%）

矿物	萤石	角闪石、钠辉石	赤铁矿	氟碳铈矿	磷灰石	白云石、方解石
质量分数	25.17	17.29	15.36	10.50	6.47	6.42
矿物	黑云母	重晶石	独居石	石英、长石	磁铁矿	黄铁矿、磁黄铁矿
质量分数	5.75	5.51	2.74	1.44	1.15	1.07

7.4.2 尾矿中主要矿物的性质及嵌布特征

7.4.2.1 矿石粒度分布

采用 SEM 对尾矿形貌及颗粒大小进行分析（见图 7-18），同时使用激光粒度分布仪对尾矿进行粒度分析，如图 7-19 所示。由图 7-18 和图 7-19 可以看出，

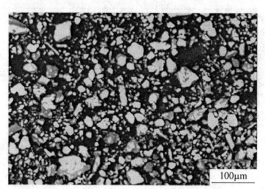

100μm

图 7-18 尾矿 SEM 图

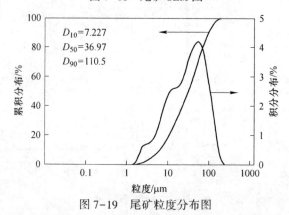

D_{10}=7.227
D_{50}=36.97
D_{90}=110.5

累积分布/%

积分分布/%

粒度/μm

图 7-19 尾矿粒度分布图

小于 30μm 的颗粒占 57% 左右，小于 75μm 的矿物颗粒占 85.50%，矿物粒度较细。尾矿中主要元素在不同粒度下的分布见表 7-9，可以看出，REO、Fe、F、P、CaO 在小于 38μm 粒度分布比例高，说明这些有价元素在细粒矿物中富集。

表 7-9 尾矿中主要元素在不同粒度下的分布

粒度/μm	REO/%	TFe/%	F/%	P/%	CaO/%
>75	8.79	8.52	12.17	11.78	13.92
75~48	21.60	27.41	32.24	21.17	32.18
48~38	21.66	23.85	21.64	18.80	20.48
<38	47.95	40.23	33.94	48.24	33.41

7.4.2.2 矿物单体解离度及连生关系

为了确定尾矿中矿物单体解离度及连生关系，采用矿物自动分析（MLA）技术对尾矿中主要矿物的单体解离度进行了系统测定（见表 7-10 和图 7-20）。表 7-10 结果表明，尾矿中稀土矿物单体解离度为 87.28%，主要与硅酸盐、铁矿物、萤石、碳酸盐等矿物连生；赤铁矿单体解离度为 89.15%，主要与硅酸盐、稀土矿物、萤石、铁白云石等矿物连生；萤石单体解离度较高，达 96.70%，主要与硅酸盐、铁矿物、稀土矿物连生。结合尾矿 MLA 图（见图 7-20），可以发现，氟碳铈矿、独居石、赤铁矿和萤石单体颗粒较多，其解离度都比较高，因而可以通过物理选矿的方式将其分选回收。

表 7-10 矿样单体解离度及连生体特性分析　　　　　　　　（%）

样品	单体	连 生 体				
稀土矿	87.28	硅酸盐	铁矿物	萤石	碳酸盐	其他
		4.48	3.43	2.46	1.53	0.82
赤铁矿	89.15	硅酸盐	稀土矿物	萤石	铁白云石	其他
		5.47	2.17	2.12	1.02	0.07
萤石	96.70	硅酸盐	铁矿物	稀土矿物	其他	
		1.16	1.05	0.96	0.13	

7.4.2.3 矿物特征

A 铁矿物

由上述分析可知，尾矿中含铁矿物主要为赤铁矿（Fe_2O_3），76% 左右的铁存在于赤铁矿中，其他铁存在于磁铁矿、黄铁矿、黑云母等矿物中。赤铁矿中含铁 69.94%，含氧 30.06%，属三方晶系，比磁化系数为 2.03×10^{-6} cm³/g，具有弱磁性。赤铁矿是白云鄂博分布广泛的铁矿物之一，尾矿中赤铁矿多呈半自形、自形

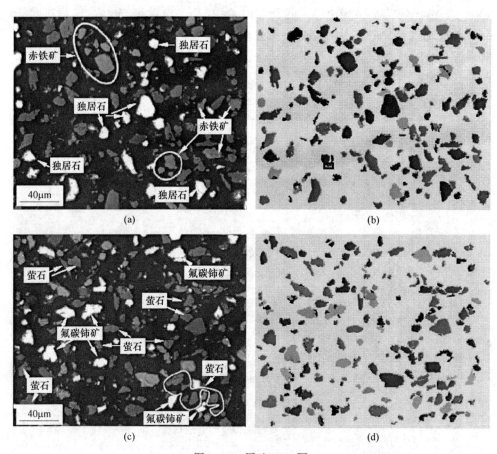

图 7-20　尾矿 MLA 图

晶粒状结构，少数为斑状结构，部分包裹着铁白云石，常与萤石、稀土矿物、硅酸盐等连生，解离度较高，因此在选矿过程中，无需磨矿即可实现对铁矿物的高效、低成本回收。尾矿主要矿物的扫描电镜分析结果如图 7-21 所示。

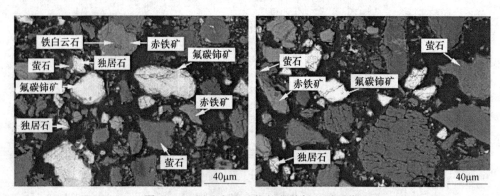

图 7-21　尾矿主要矿物的背散射电子图像

B 稀土矿物

尾矿中稀土元素主要赋存在氟碳铈矿和独居石中。尾矿中氟碳铈矿的含量为 10.50%，氟碳铈矿是稀土的氟碳酸盐矿物，其化学式可表示为 $REFCO_3$ 或 $REF_3 \cdot RE_2(CO_3)_3$，其中 REO 的质量分数为 74.77%，主要含铈族稀土，还含微量钍；机械混入物主要有钙、硅、铝、铁、磷等，属于六方晶系，氟碳铈矿通常为浅绿色，次之为黄色或黄绿色。氟碳铈矿受热易分解，通常采用的提取方法有热分解产物的酸浸出和碱浸出产物的酸溶解等。独居石是分布最广的一种稀土矿物，尾矿中独居石的质量分数为 2.74%，独居石的化学组成为磷酸稀土，化学式为 $REPO_4$，属于轻稀土型，主要以铈为主，热稳定性好，盐酸和硝酸对独居石的溶解度很低。稀土和磷的理论质量分数分别为 REO 69.76%，P_2O_5 30.27%。尾矿中独居石的特点是富含轻稀土而贫含钍，轻稀土以铈、镧、钕三者最为富集。尾矿中氟碳铈矿和独居石多以自形或半自形不等粒结构存在，矿物颗粒大小不一，但氟碳铈矿颗粒明显比独居石颗粒大，稀土矿物颗粒形态较为规则，并且稀土矿物与脉石矿物的界线较平直，解离度较高（见图 7-21）。

C 萤石

萤石也是尾矿可综合回收的矿物，萤石在尾矿中分布最广，含量为 25.17%，是尾矿中最主要的含氟矿物。尾矿中萤石多呈块状分布，伴生矿物有赤铁矿、稀土矿物。

D 其他矿物

采用电子探针测试手段对含铌、钪和钍矿物进行测定，电子探针测试结果如图 7-22 所示，尾矿中的铌元素主要赋存在烧绿石、铌铁矿、铌铁金红石、钛铁金红石等铌矿物中，钪元素主要赋存在黑云母、钠闪石、石英等矿物中，钍元素主要分散在独居石和氟碳铈矿中。尾矿中铌矿物（铌铁矿、铌铁金红石、钛铁金红石）以壳层型存在，烧绿石包裹在赤铁矿中；钪元素为亲石元素，因此在钠闪石、黑云母、石英等含硅矿物中均检测到钪元素；在氟碳铈矿和独居石矿中，均检测到含量较高的钍，钍元素是以类质同象的形式赋存于氟碳铈矿和独居石中。

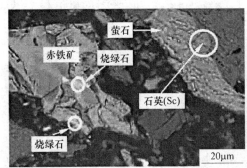

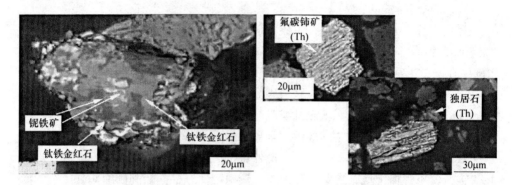

图 7-22　尾矿电子探针测试矿相图

7.5　富磷灰石稀土矿

　　某稀土矿石以富含磷灰石为特征，而且稀土矿物种类繁多，嵌布粒度微细，属复杂稀土矿石，研究难度大。采用国际先进的 MLA 自动检测技术结合传统的工艺矿物研究方法对该复杂稀土矿石进行研究，分析了该稀土矿石的物质组成、主要稀土矿物的嵌布特征、稀土元素的赋存状态，目的是为选冶研究提供方向性指导。

7.5.1　矿石物质组成

　　原矿主要元素化学分析结果见表 7-11，结果表明原矿中稀土和磷含量均达到工业品位要求。采用 MLA 技术测定该样品各矿物种类和含量，结果见表7-12，样品中稀土矿物主要为氟碳铈矿和褐帘石，其次为独居石和氟碳钙铈矿，含稀土矿物有磷灰石；磷和含磷矿物主要为磷灰石，其次为独居石；金属硫化物有少量黄铁矿和微量黄铜矿；脉石矿物主要为辉石、角闪石、长石、石英、方解石、黑云母，大多数辉石和部分角闪石已蚀变为绿泥石。

表 7-11　原矿多元素化学结果　　　　　　　　（%）

成分	REO	P_2O_5	TiO_2	ZrO_2	HfO_2	S
含量	3.71	15.08	0.36	0.014	<0.005	0.41
成分	Sc	SiO_2	Al_2O_3	Mn	CaO	MgO
含量	<0.005	29.17	6.87	0.044	25.38	6.13
成分	Fe_2O_3	SrO	BaO	K_2O	Na_2O	
含量	5.91	0.47	0.75	1.52	0.57	

表 7-12　原矿 MLA 矿物定量检测结果　　　　　　　（%）

矿物	含量	矿物	含量	矿物	含量	矿物	含量
氟碳铈矿	1.50	锶矿	0.08	绿泥石	11.67	钛铁矿	0.12
氟碳钙铈矿	0.40	菱锶矿	0.57	黑云母	2.85	金红石	0.10
独居石	0.22	石英	4.42	榍石	0.36	锆石	0.04
褐帘石	6.24	正长石	8.98	绿帘石	0.69	黄铁矿	0.26
钍石	0.05	钠长石	1.45	方解石	1.26	方铅矿	0.02
磷灰石	36.65	斜长石	0.41	钙铁榴石	0.06	黄铜矿	0.01
钡长石	0.77	辉石	8.31	菱铁矿	0.01	其他	0.29
重晶石	0.86	角闪石	9.91	褐铁矿	1.44	总计	100.00

7.5.2　主要矿物的嵌布特征

7.5.2.1　嵌布粒度

从块矿中测定各主要矿物的嵌布粒度，测定结果见图 7-23。由测定结果来看，稀土矿物以褐帘石的嵌布粒度最粗，主要粒级范围在 0.04～0.64mm，属中-细粒较均匀嵌布类型；氟碳铈矿（含氟碳钙铈矿）的嵌布粒度最细，多数小于 0.08mm，属微细粒不均匀嵌布类型，其中小于 0.01mm 的难选粒子占25%；独居石的嵌布粒度也细，但略比氟碳铈矿粗，并且粒度大小略为集中，属细-微细粒较均匀嵌布类型，其中小于 0.01mm 的难选粒子占5%；磷灰石的嵌布粒度也较粗，85%的磷灰石嵌布粒度大于 0.04mm，属中-细粒均匀嵌布类型。

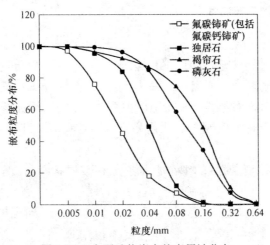

图 7-23　主要矿物嵌布粒度累计分布

7.5.2.2　单体解离度

采用 MLA 测定磨矿细度 0.074mm 以下占 85.64% 时，各稀土矿物和总稀土矿物的解离度，结果见表 7-13。从测定结果来看，各稀土矿物的解离性与其嵌布粒度特点相吻合，氟碳铈矿（含氟碳钙铈矿）的嵌布粒度微细，磨矿解离效果最差，最主要的连生体为氟碳铈矿-绿泥石连生体，0.043mm 以上粒级中氟碳铈矿的解离度均不足 20%，0.043mm 以下粒级中氟碳铈矿的解离度提高到 72%；独居石的嵌布粒度略粗于氟碳铈矿，其解离效果略优于氟碳铈矿，但解离度仍然不高，最主要的连生体为独居石-磷灰石连生体；褐帘石的嵌布粒度较粗，最主要的连生体为褐帘石-角闪石连生体和褐帘石-辉石连生体，各粒级的解离度相对比氟碳铈矿和独居石高。将所有稀土矿物看作单一体测定其解离度，根据各粒级的稀土金属量，计算得在磨矿细度 0.074mm 以下占 85.64% 时，稀土矿物的总解离度为 73.60%。显而易见，该矿石中稀土矿物由于嵌布粒度微细、较难解离，对选矿提高稀土精矿品位和回收率带来极大的困难。磷灰石较易解离，根据 P_2O_5 金属量计算，磷灰石总解离度为 95.59%。

表 7-13　磨矿产品稀土矿物解离度测定结果（磨矿细度 0.074mm 以下占 85.64% 时）

粒度/mm	产率/%	REO/%	解离度/%			
			氟碳铈矿	独居石	褐帘石	稀土总矿物
>0.074	14.35	1.57	11.75	23.17	69.76	62.65
0.074~0.043	21.26	1.71	18.27	36.71	74.96	63.75
<0.043	64.39	1.70	72.16	70.71	83.71	79.13
总计	100.00	1.68				73.60

7.5.3　主要矿物的嵌布特性

7.5.3.1　氟碳铈矿（Ce，La）(CO_3)（F，OH）

该矿石中氟碳铈矿结晶微细，嵌布状态较复杂，主要有如下四种嵌布形式：

（1）微细粒氟碳铈矿呈柱状、不规则状浸染状分布在褐铁矿和绿泥石中（见图 7-24），这种嵌布形式的氟碳铈矿占多数，由于氟碳铈矿的嵌布粒度大小不均匀，小于 0.01mm 的氟碳铈矿占有率高，不易在磨矿过程与绿泥石或褐铁矿获得完全解离；

（2）氟碳铈矿呈花瓣状的细小板状连晶在破碎状磷灰石晶洞壁生长，晶洞常为绿泥石、石英、黄铁矿等矿物充填；

（3）微细粒氟碳铈矿与菱锶矿、重晶石、方解石一同充填于磷灰石的粒间缝隙中；

（4）少量氟碳铈矿充填褐帘石或角闪石的微裂隙中，呈微脉状产出。

图 7-24 氟碳铈矿嵌布照片（扫描电镜，放大 800 倍）

7.5.3.2 氟碳钙铈矿 $CaCe_2(CO_3)_3F_2$

在矿石中，氟碳钙铈矿的数量远少于氟碳铈矿，其嵌布状态大多数与氟碳铈矿类似，呈浸染状杂乱分布于绿泥石或褐铁矿中，多见钙交代氟碳铈矿形成的氟碳钙铈矿，偶见氟碳钙铈矿呈微细粒星点状分布于磷灰石中。

7.5.3.3 独居石 $(Ce, La)PO_4$

独居石粒度微细，晶粒自形程度好，大多数独居石呈微细粒自形至半自形晶零星分布于磷灰石中，少数独居石成群充填于磷灰石的缝隙中，与方解石、褐铁矿等连生。

7.5.3.4 褐帘石 $(Ca, Mn, REE)_2(Al, Fe)_2[Si_2O_7][SiO_4]O(OH)$

矿石中褐帘石粒度较粗，主要有两种嵌布形式：

（1）为绿泥石、褐铁矿交代，在绿泥石中呈港湾状、孤岛状，并常与角闪石连生（见图 7-25）；

图 7-25 褐帘石嵌布照片（显微镜，单偏光放大 160 倍）

（2）褐帘石包含于磷灰石中，呈半风化状，沿解理缝被绿泥石和褐铁矿交代。在褐帘石中常有氟碳铈矿沿微裂隙充填交代。

7.5.3.5 磷灰石 $Ca_2Ca_3[PO_4]_3(F, Cl, OH)$

矿石中磷灰石呈块状产出，并在后期的挤压性应力作用中呈压碎状构造，沿裂缝充填大量褐铁矿，并有褐铁矿向磷灰石颗粒内缝浸透（见图7-26），以至于磷灰石岩块呈褐红色。磷灰石与独居石的关系非常密切，磷灰石晶体中包含微细粒独居石，其碎裂缝中也常见独居石晶体，部分磷灰石晶洞中有氟碳铈矿在洞壁中生长。

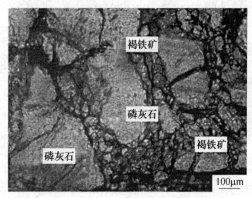

图7-26 磷灰石嵌布照片（显微镜，单偏光放大160倍）

7.5.4 原矿中稀土元素的赋存状态

根据原矿矿物定量检测结果，并分离提纯各矿物作稀土元素化学分析，做出稀土在主要矿物中的分配，见表7-14。褐帘石矿物占有量大而含REO量低，因此决定了稀土精矿的品位不可能达到40%的合格标准，预计其物理选矿最高品位为REO 31%，理论回收率69%。若扣除约30%矿物量嵌布粒度小于0.01mm的氟碳铈矿和独居石（难选粒子）所负载的稀土量10%，实际上稀土的最高回收率只能达到59%左右；基于磷灰石具有工业价值，并与其他稀土矿物之间具有可分选性，可单独获取含稀土磷灰石精矿。稀土精矿和含稀土磷灰石精矿的稀土总回收率85%左右。

表7-14 稀土元素在各矿物中的分配（单矿物在0.045mm以下粒度完成最终提纯）

矿物名称	矿物含量/%	REO/%	分布率/%
硅钙石（寄生）	1.90	62.84	32.19
闪长岩	0.22	66.59	3.95
钠闪石	6.24	19.80	33.31

矿物名称	矿物含量/%	REO/%	分布率/%
钍石	0.05	81.47	1.10
辉长岩	1.44	0.45	0.17
磷灰石	36.63	2.71	26.76
石英/长石/方解石	17.31	0.09	0.42
角闪石/辉石/绿帘石	18.91	0.082	0.42
绿泥石/黑云母	14.52	0.43	1.68
其他	2.78	—	—
总计	100.00	3.709	100.00

7.6　包头稀土矿

　　包头稀土资源极其丰富，矿物成分相当复杂。矿物之多，种类之全是世界所罕见的。当然这也给选矿带来了不少困难。但通过工艺矿物学研究表明：稀土元素主要是以稀土矿物形式存在，而以类质同象替换或以细小机械包裹体分散在其他矿物中的含量仅占稀土总量的 12.38%（平均值），稀土矿虽有二十多种。但主要矿物只有氟碳铈和独居石两种，两者稀土氧化物的分布率就占了 87.07%，这就给工业利用带来了有利条件。对各种矿物选矿工艺性质的研究，矿物的嵌布特征的分析及工业类型的划分，总之所有对包头矿的工艺矿物学研究内容成果，都为选矿工艺流程的制定，改进以及获得理想的选矿指标提供了依据。

　　目前一个综合回收铁、稀土的选择性絮凝选矿工艺流程，也是基于稀土矿物和含某些有害杂质元素矿物的粒度过细而提出来的。可见研究选矿的新方法、新技术、新工艺，也需要工艺矿物学工作者提出准确可靠的工艺矿物学资料。

7.6.1　在选取高品位稀土精矿试验中工艺矿物学研究的作用

　　选矿工作者为了在包头矿中提取高品位稀土精矿，在重选粗精矿工艺矿物学研究的基础上，他们制定了一个以选厂生产的粗精矿为原料，选取高品位稀土精矿的工艺方案。该工艺流程比较简单，其原则流程是采用新药剂原矿经过一次粗选，一次精选，一次中磁脱铁，一次强磁，采用该工艺流程从重选稀土粗精矿获得稀土品位和回收率均为 70% 的特级稀土精矿和一个品位大于 30% 低级稀土精矿产品。从稀土的选矿指标来看，该工艺方案还是比较先进的。但在对该选矿流程产品的工艺矿物学工作中，研究各种矿物在产品中的分布规律时，发现原料中的磷元素在提取特级稀土精矿工艺方案中本来没有意识考虑回收，而实际上磷灰石矿物确在中矿。产品中得到富集。现将中矿1、中矿2、中矿3的矿物组成含量及磷灰石在各产品中的分布情况见表7-15和表7-16。

表7-15　矿物量表　　　　　　　　　（%）

产品名称	氟碳铈矿	独居石	萤石	磷灰石	重晶石	白云石、方解石	铁矿物	钠辉石、钠闪石、长石英	其他
中矿1	26.79	16.39	18.71	14.18	6.36	6.20	9.07	1.50	0.80
中矿2	40.81	25.73	7.71	4.54	0.31	2.01	10.69	7.50	0.70
中矿3	23.59	14.61	8.40	42.41	7.42	2.20	0.80	—	0.57

表7-16　磷灰石在选矿各产品中的分布表　　　　　　　　（%）

产品名称	产率	含在磷灰石中的 P_2O_5 量	磷灰石矿物量	磷灰石的分量	磷灰石占有率
精矿	35.41	0.56	1.39	0.49	6.77
中矿1	8.8	17.03	42.21	3.71	51.24
中矿2	1.71	1.83	4.54	0.08	1.11
中矿3	5.82	5.72	14.18	0.83	11.46
尾矿	48.26	1.78	4.41	2.13	29.42
小计	100.00			7.24	100.00

　　从表7-15和表7-16可以看出中矿1，产品中磷灰石矿物量最高，达42.21%，而中矿1或中矿2，中磷灰石矿物量都较低，分别为14.18%和4.54%，显然中矿1产品中磷灰石得到高度富集；对中矿1产品中的磷物相分析结果表明：磷灰石中的 P_2O_5 含量在该产品中为17.03%已经达到矿石工业要求中磷灰石品级划分的三级品（P_2O_5 12%~25%）对中矿1产品的工艺矿物学研究表明：该产品中磷灰石的粒度是可选的。绝大部分在0.07~0.02mm之间，且磷灰石已基本解离，又从磷灰石分布表中可以看出这三个产品中中矿1的产率最高为8.8%，这就为进一步选取磷灰石提供足够原料创造了有利条件。因此建议将中矿1+中矿2作为低级稀土精矿，中矿1单独划分作为副产品来综合回收磷，能取得更好的经济效果。

　　根据中矿1产品中的物质组成特征及矿物工艺性质分析，认为仍然有必要通过选矿或化学选矿的办法进一步提高 P_2O_5 的品位及回收产品中的稀土矿物。中矿1的矿物组成主要矿物为磷灰石和稀土矿物，其他有少量的萤石，重晶石和碳酸盐矿物，考虑矿物的密度差异要使磷灰石和稀土矿物分离，通过重选手段是可行的。根据磷灰石和稀土矿物化学性质的不同，还可提出一个可能用化选的参考方案，即采取酸浸的工艺流程。磷灰石在稀硫酸溶液浸出时几乎全部转入硫酸浸出液中，其反应式如下：

$$Ca_5F(PO_4)_3 + 5H_2SO_4 \Longrightarrow 5CaSO_4 + 3H_3PO_4 + HF$$

原料中的稀土矿物在稀硫酸溶液中相当稳定，很少或几乎不溶于稀硫酸。根据这一性质可用稀硫酸溶液处理中矿 3 产品，使磷浸出，而稀土矿物得到富集，采取这一工艺流程，不仅综合利用了稀土元素，而且有利于改善产品中放射性的污染问题，因为稀土矿物中约含 0.2%～0.3%钍的氧化物。使用分离后的磷产品作磷肥原料时，对环境保护起了积极作用。当然这只是一种设想，是否能够实现还需通过试验研究才能得以解决。工艺矿物学在选取高品位稀土精矿中的实际应用，说明选矿工艺矿物学的任务，不单纯是为选矿服务的问题，更应该要正确评价工艺流程的合理性，指导选矿试验的顺利进行，提出更加完美的工艺流程指出方向。

7.6.2　工艺矿物学在分选氟碳铈精矿和独居石精矿中的实际应用

包头稀土矿中主要的工业矿物是氟碳铈矿和独居石两种，根据稀土冶金工艺的需要，要在包头混合稀土精矿中，单独分选出氟碳铈矿和独居石精矿来，这对选矿工艺来说确是一大难题。但通过从重选粗精矿选取高品位稀土精矿试验的工艺矿物学研究中发现这样一个规律：在采用"802"药剂进行浮选试验中，稀土精矿品位越高，氟碳铈矿越集中，说明"802"药剂不仅是稀土捕收剂，而且对氟碳铈矿有相对的选择性。

选矿从重选粗精矿甲首先用"802"药剂选取高品位稀土精矿。然后利用磷苯二甲酸分选出氟碳铈矿精矿，其纯度可达 98%左右，第一次为工业试验的规模成功地从包头矿中单独分选出氟碳铈矿精矿，为包头稀土矿的冶金和外贸出口增加了新的品种，其意义相当大。

在对分选氟碳铈矿精矿工艺流程产品的工艺矿物学研究认为，该工艺还有待进一步改进和提高的必要。通过对稀土矿物灼烧后工艺性质发生变化的方法，测出该工艺流程产品中独居石已基本解离，并有相对富集。建议在该工艺流程基础上还可选取独居石精矿。由后来独居石分选试验的成功及半工业试验中获得独居石精矿产品，都验证了这个论述。

进一步通过工艺流程产品中矿物分布规律研究认为：有些可利用的元素如 F、Ba、Nb 等它们所赋存的矿物，在某些产品中分别得到分离富集，这就有可能在某些尾矿产品中考虑对它们的综合回收。特别是 Nb_2O_5 在该流程的尾矿中有所富集，略高于包头矿原矿。这为研究白云鄂博矿矿体内回收铌增加了一条新的途径。因为该尾矿中矿物组成比较简单，萤石、重晶石和稀土矿物含量就占了 76%以上，其他主要为铁矿物、磷灰石和硅酸盐等矿物，若在考虑综合回收尾矿重晶石的同时，将这些脉石矿物选出，Nb_2O_5 的品位将会大大提高。

尤其值得提出的是，此尾矿中铌的赋存状态有较矿体内其他矿样少有的优点，铌物相分析结果见表 7-17。

表7-17　铌物相分析　　　　　　　　　　（%）

物相项目	易解石、黄绿石中 Nb_2O_5	铌铁矿中 Nb_2O_5	钛铁金丝石中 Nb_2O_5	铁矿物等分散量中 Nb_2O_5	合计
含量	0.015	0.065	0.025	0.015	0.12
占有值	12.5	54.17	20.83	12.5	100.00

从尾矿铌物相分析结果看，Nb_2O_5 主要同赋存于铌铁矿中占54%以上，Nb_2O_5 在铌矿物的这种分布率是矿体内其他矿样中少有的。这种分布率是为选铌矿物的可能性提供了有利条件。

7.7　稀土-铌-铁矿床

包头白云鄂博矿床，矿物种类多、嵌布特征复杂、嵌布粒度细微，传统的光学显微镜在测定这类矿石的时候有非常大的局限性，并且无法获得全面而且准确的矿物含量数据等。几十年来一直让研究人员付出了巨大的艰辛，才取得了可喜的成果，可谓成绩斐然，来之不易。MLA 在矿床研究中的应用，可在应用软件的帮助下，实现了矿物成分、组构的自动快速分析，大大地缓解了研究人员的劳动强度，提高了测试分析的效率。并且，MLA 可以获取了海量准确的数据和图像资料，为了解稀土矿石中矿物种类和含量、矿物粒度分布以及矿物解离度等，可实现对矿物种属和亚种进行准确鉴定，大大提高了矿石中元素分赋存状态的研究，对矿床选冶的工艺提供最直接的帮助，可显著改进矿石的综合利用程度，提高矿床的综合价值。以包头白云鄂博矿床为例，简述如下。

7.7.1　MLA 对白云鄂博矿床中的矿物种属及成分的分析

样品测试在广州有色金属研究院资源综合利用研究所进行。测试仪器型号为自动矿物分析仪 MLA650（包括扫描电子显微镜 FEI Quanta650、双探头电制冷能谱仪 Bruker Quantax200、工艺矿物参数自动分析软件 MLA2.9）。将样品磨制成矿物砂光片，经过 MLA 技术测定，可以获取矿石的矿物种类和矿物含量。以东矿（BD5-53）稀土矿石样品为例，通过 MLA 检测我们可以非常准确地获取矿石中所含的各种矿物以及这些矿物的质量分数和面积分数，也可以非常准确快速地得到各种矿物在扫描面上的面积大小，并准确计算出各矿物的分子式（见表7-18 和图7-27）。在该稀土矿石中，主要矿物为钠铁闪石，含量为63.02%，其次为萤石，含量为12.25%。矿石中的稀土矿物主要为氟碳钙铈矿，含量可达8.31%，其次为独居石，含量达5.73%，氟碳铈矿相对较少，含量为0.41%。矿石中含量较高的其他矿物为重晶石、磷灰石和石英，含量分别为3.90%、2.51%和1.01%。

表 7-18　东矿（BD5-53）稀土矿石中矿物成分特征表

序号	矿物名称	质量分数/%	面积分数/%	所占面积/μm²	矿物密度/g·cm⁻³	分子式
1	钠铁闪石	63.02	65.82	23407136.42	3.3	$Na_{2.2}Mg_3Fe_{17}(K_3Ca_3Al_2Mn_3F_5Ti_{0.5})_{0.1}Si_8O_{22}(OH)_{1.4}$
2	萤石	12.25	13.62	4844135.64	3.1	CaF_2
3	氟碳钙铈矿	8.31	6.37	2264310.01	4.5	$CaLa_{0.74}Ce_{0.94}(Pr_{6.5}Nd_{16}Th_2Al_4Si_{10})_{0.01}(CO_3)_3F_2$
4	独居石	5.73	3.88	1378076.08	5.1	$La_{0.37}Ce_{0.47}(Pr_{3.2}Nd_8Ca_5Th_{0.9}Al_2Si_5)_{0.01}P_{0.95}O_4$
5	重晶石	3.9	3.05	1086032.07	4.4	$BaSO_4$
6	磷灰石	2.51	2.7	960410.83	3.2	$Ca_5(PO_4)_3F$
7	石英	1.01	1.31	465988.66	2.65	SiO_2
8	滑石	0.6	0.74	262145.75	2.8	$Mg_3Si_4O_{10}(OH)_2$
9	磁铁矿	0.88	0.58	206240.38	5.2	Fe_3O_4
10	带云母	0.33	0.4	142875.47	2.8	$KMg_2(Si_4O_{10})F_2$
11	方解石	0.27	0.35	122729.59	2.71	$CaCO_3$
12	氟碳铈矿	0.41	0.29	101673.25	4.9	$La_{0.37}Ce_{0.47}(Pr_{3.2}Nd_8Ca_5Th_{0.9}Al_2Si_5)_{0.01}CO_3F$
13	白云石	0.14	0.17	58917.24	2.85	$CaMg(CO_3)_2$
14	霓石	0.1	0.1	36011.04	3.5	$NaFeSi_2O_6$
15	烧绿石	0.12	0.09	30744.17	4.9	$Na_{0.3}Ca_{1.3}(Sr_6Ce_2La)_{0.01}Nb_{1.7}Ta_{0.1}Ti_{0.2}O_6(OH,F)$
16	锶烧绿石	0.11	0.08	26819.62	5	$Na_{0.1}Ca_{0.8}Sr_{0.6}(Ce_2La)_{0.01}Nb_{1.7}Ta_{0.1}Ti_{0.2}O_6(OH,F)$
17	黑金红石	0.07	0.05	19255.45	4.3	$Fe_{0.01}Nb_{0.06}Ti_{0.86}O_2$
18	磁黄铁矿	0.01	0.01	2132.57	4.6	FeS
19	空隙等	0.24	0.41	145482.19	2	
	合计	100	100	35561116.4		

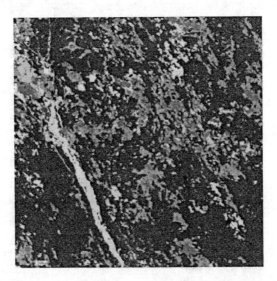

图 7-27　东矿（BD5-53）稀土矿石中的矿物分布

7.7.2　MLA 在稀土矿物的元素赋存状态研究中的应用

　　白云鄂博矿区主要有两种类型的铁矿石，即磁铁矿型稀土矿石、霓石（钠辉石）型稀土矿石。运用 MLA 技术背散射电子图像颗粒化处理区分不同物相，自动采集不同物相的能谱数据，利用能谱产生的 X 射线准确鉴定矿物，将不同的矿物用不同的颜色进行区分，就可以直观形象的观察到稀土矿物在矿石中的赋存状态（见图 7-28 和图 7-29）。

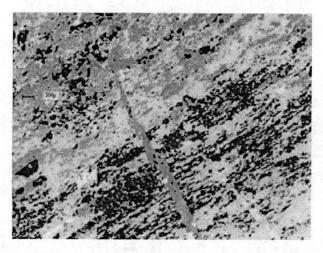

图 7-28　东矿（BD1-3）稀土矿石中的矿物分布

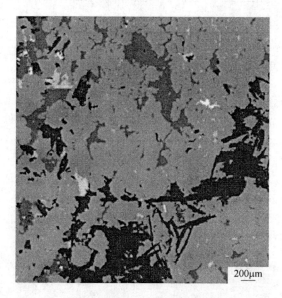

图 7-29　主矿（BZ3-6）稀土矿石中的矿物分布

（1）霓石（钠辉石）型稀土矿石。以白云鄂博矿区东矿的霓石型含稀土矿矿石（BD1-3）最为典型，其矿物组成如图 7-28 所示。主要由霓石（钠辉石）、独居石、萤石、石英、氟碳铈矿、磁铁矿等组成。矿物粒度为细粒，独居石、氟碳铈矿的粒度细者仅 2~5μm，矿石具条带状、纹层状构造，反映出矿床形成于快速堆积的喷流沉积环境。其间可见脉状充填的萤石和重晶石，反映了后期热液沿矿床裂隙充填。

（2）磁铁矿型稀土矿石。以白云鄂博矿区的主矿的磁铁矿型稀土矿石（BZ3-6）最为典型，其矿物组成如图 7-29 所示。主要由磁铁矿、霓石、萤石、氟碳钙铈矿、磷灰石等组成，矿物粒度为细粒。主要的稀土矿物为氟碳铈矿，主要与霓石生长在一起，呈不规则粒状分布在磁铁矿中，另有少量呈星散状分布在萤石中。除氟碳钙铈矿外，在 BZ3-6 样品中可见少量的氟碳铈矿，呈细微粒状生长在氟碳钙铈矿内。

7.8 稀有稀土矿

7.8.1 矿石的物质组成

7.8.1.1 矿石的化学组成

原矿化学成分分析见表 7-19，由化学分析结果可知，矿石中有用成分主要为铌、稀土、锆铪等。

表 7-19 原矿主要化学成分分析结果 （%）

项目	Zr(Hf)O$_2$	REO	Nb$_2$O$_5$	SiO$_2$	Al$_2$O$_3$	TiO$_2$	CaO	MgO
含量	3.19	0.812	0.356	64.37	5.94	0.41	3.88	2.95
项目	MnO	Na$_2$O	S	TFe	P	K$_2$O	H$_2$O	CO$_2$
含量	0.027	1.43	0.0070	2.91	0.0018	0.72	0.47	0.12

7.8.1.2 矿石的矿物组成

矿石中有用矿物种类较多，矿石矿物成分见表 7-20。

表 7-20 矿石矿物成分

矿物类别	主要矿物	次要矿物及少量矿物
稀有稀土元素矿物	铌铁矿、兴安石、锆石	独居石、氟碳铈矿、锌日光榴石
金属矿物	赤铁矿化含钛磁铁矿、锰钛铁矿	赤铁矿、褐铁矿、磁铁矿、黄铜矿、黄铁矿
脉石矿物	微斜显微条纹长石、微斜长石、钠长石、石英	霓石、钠闪石、白云母、石榴石、萤石、电气石、榍石、黄玉、绿泥石、碳酸盐、星叶石

7.8.2 稀有稀土元素矿物工艺矿物学性质及特征

7.8.2.1 铌铁矿

矿石中主要的铌矿物,晶型多呈放射状、束状和针状集合体有时为板状或板状集合集。黑色,条痕红褐色,性脆,中等硬度,金属光泽,中等电磁性,密度5.4g/cm³。铌铁矿嵌布粒度在0.074mm以下者占85%。反光镜下反射灰白、略带浅棕色,反射率与闪锌矿相连,弱非均性,磨光性良好。铌铁矿化学成分分析结果见表7-21。

表7-21　铌铁矿的化学成分　　　　　　　　　　(%)

项目	Nb₂O₅	Ta₂O₅	FeO	MnO	TiO₂	CeO₂
含量	72.77	5.07	6.67	10.07	3.81	1.40

7.8.2.2 兴安石

矿石中主要的含铍和稀土的工业矿物。矿物多为不规则粒状,较均匀地分布在矿石之中,尤以矿体顶部为富。乳白色、淡黄绿色和淡灰绿色,玻璃光泽,密度4.74g/cm³,硬度相当于莫氏硬度5.0~5.5,中等电磁性。兴安石嵌布粒度0.4~0.074mm者占76%。薄片中无色,二轴晶,正光性,薄片中也见有被铌铁矿所包裹。兴安石经800℃焙烧20min,除褐色者变色不十分显著外,其余多变成鲜艳的绿黄色。兴安石化学分析结果见表7-22。

表7-22　兴安石的化学成分　　　　　　　　　　(%)

项目	SiO₂	Fe₂O₃	FeO	Al₂O₃	TiO₂	CaO	MgO	BeO	Yb₂O₃
含量	25.20	1.63	0.89	1.70	0.10	0.96	0.086	10.40	0.57
项目	PbO	K₂O	Na₂O	La₂O₃	CeO₂	Pr₆O₁₁	Nd₂O₃	Sm₂O₃	Lu₂O₃
含量	0.38	0.77	0.39	3.60	13.60	1.78	6.84	2.60	0.09
项目	Eu₂O₃	Gd₂O₃	Tb₂O₃	Dy₂O₃	Ho₂O₃	Er₂O₃	Tm₂O₃	Y₂O₃	H₂O
含量	0.05	3.45	0.61	3.71	0.56	1.31	0.07	15.73	2.94

7.8.2.3 独居石

晶型多呈块状,不规则粒状,少数可见完好晶型。颜色为黄色、淡黄色。透明,玻璃光泽。密度5.6g/cm³。硬度中等,薄片中无色,二轴晶,正光性。独居石粒度0.4~0.04mm者占81%。独居石的化学成分见表7-23。

表7-23　独居石的化学成分　　　　　　　　　　(%)

项目	La₂O₅	CeO₂	Nd₂O₅	ThO₂	Pr₆O₁₁	CaO	Sm₂O₃	MgO	Y₂O₃
含量	19.05	38.26	6.51	0.59	3.00	0.17	0.16	0.07	0.03

续表 7-23

项目	K$_2$O	SiO$_2$	Na$_2$O	Al$_2$O$_3$	TiO$_2$	Fe$_2$O$_3$	P$_2$O$_5$	ZrO$_2$
含量	0.08	3.16	0.12	0.76	0.26	0.61	26.18	0.38

7.8.2.4 氟碳铈矿

矿物具一定晶型，多为无色者，表面常覆盖黄色薄膜，密度为 4.5g/cm^3，硬度低，中弱电磁性，薄片中无色，正光性。氟碳铈矿化学成分见表 7-24。

表 7-24 氟碳铈矿的化学成分 （%）

项目	SiO$_2$	TR$_2$O$_3$	Nb$_2$O$_5$	CO$_2$	Fe$_2$O$_3$	ThO$_2$	CaO	H$_2$O	P$_2$O$_5$
含量	2.80	69.92	0.11	13.44	0.89	0.22	2.67	2.60	0.90

7.8.2.5 锌日光榴石

含量微，无完好晶型，多呈块状，不规则粒状。浅棕黄色、黄色。条痕白色，玻璃光泽，密度 3.4g/cm^3，中弱电磁性。锌日光榴石化学成分见表 7-25。

表 7-25 锌日光榴石的化学成分 （%）

项目	SiO$_2$	TR$_2$O$_3$	S	MgO	Fe$_2$O$_3$	MnO	CaO
含量	31.49	2.48	3.19	0.21	2.43	5.18	0.03
项目	ZnO	P$_2$O$_5$	Al$_2$O$_3$	TiO$_2$	ThO$_2$	BeO	FeO
含量	39.27	0.075	0.23	0.020	0.13	13.60	4.87

7.8.2.6 锆石

矿石中主要工业矿物，分布较均匀，多呈不规则粒状集合体产出。在薄片中可见锆石呈晶簇状集合体具明显的环带结构。颜色有无色、红色、黄色、浅绿色、褐色等。玻璃光泽，透明至半透明，硬度大，密度 4.2g/cm^3。弱和无电磁性。锆石嵌布粒度 0.4~0.074mm 者占 43%；0.074mm 以下者占 56%。偏光镜下无色，一轴晶，正光性，平行消光。锆石化学成分见表 7-26。

表 7-26 锆石的化学成分 （%）

项目	ZrO$_2$	HfO$_2$	SiO$_2$
含量	65.83	1.04	32.58

7.8.3 稀有稀土矿物嵌布特征

铌铁矿、兴安石、独居石、锆石矿物嵌布特征见表 7-27 和表 7-28。

表 7-27　铌铁矿、独居石嵌布特征

矿物嵌布情况	铌铁矿		独居石	
	颗粒数	分辨率/%	颗粒数	分辨率/%
包于石英单体之中	34	36.96	24	80.00
于石英与钾长石之间	43	46.74	6	20.00
于钾长石之间	8	8.68		
于石英与钠长石之间	4	4.35		
于石英之间	1	1.09		
于钠长石之中	1	1.09		
包于赤铁矿之中	1	1.09		

表 7-28　兴安石、锆石嵌布特征

矿物嵌布情况	兴安石		锆　石	
	颗粒数	分辨率/%	颗粒数	分辨率/%
包于石英单体之中	127	39.08	865	64.94
包于石英与钾长石之间	85	26.15	278	20.87
于钾长石单体之中	66	20.30	133	9.98
于石英与钠长石之间	9	2.77	1	0.075
包于不透明矿物之中	5	1.54	8	0.60
于钠长石与钾长石之间	6	1.85	6	0.45
与钾长石与星叶石之间	5	1.54	5	0.37
包于星叶石之中	2	0.61	26	1.95
于石英与星叶石之间	5	1.54	3	0.23
于钠长石与星叶石之间			2	0.15
包于石英中与独居石连生			5	0.37
于钾长石与星叶石、石英之间	4	11.23		
与钾长石与霓石之间	1	0.31		
于石英与霓石之间	4	1.23		
于钠长石与星叶石、石英之间	1	0.31		
于不透明矿物与石英之间	1	0.31		
于不透明矿物与星叶石之间	1	0.31		
于钾长石与钠长石、石英之间	3	0.92		

7.8.4 有用成分的赋存状态

Nb_2O_5：主要赋存于铌铁矿独立矿物中，其次赋存于赤铁矿化含钛磁铁矿，锰钛铁矿（见表7-29）。

表 7-29 Nb_2O_5 赋存状态 （%）

矿物名称	质量分数	Nb_2O_5 品位	分布率
铌铁矿	0.32	72.77	61.77
兴安石	0.88	0.085	0.20
独居石	0.10	0.078	0.021
氟碳铈矿	0.060	0.11	0.018
锆石	5.42	0.22	3.16
赤铁矿化含钛磁铁矿	2.79	2.30	17.02
锰钛铁矿	1.32	2.82	9.87
长石-石英组	87.25	0.027	6.25
霓石-钠闪石组	1.86	0.34	1.68
合 计	100.00	0.38	99.99

Y_2O_3：主要赋存于兴安石矿物，其次赋存于锆石矿物（见表7-30）。

表 7-30 Y_2O_3 赋存状态 （%）

矿物名称	质量分数	Y_2O_3 品位	分布率
铌铁矿	0.32	0.00	0.00
兴安石	0.88	26.07	66.05
独居石	0.10	4.60	1.32
氟碳铈矿	0.060	3.57	0.62
锆石	5.42	1.60	24.97
赤铁矿化含钛磁铁矿	2.79	0.34	2.73
锰钛铁矿	1.32	0.27	1.03
长石-石英组	87.25	0.012	3.01
霓石-钠闪石组	1.86	0.051	0.27
合 计	100.00	0.35	100.00

BeO：主要赋存于兴安石矿物中，其次赋存于锆石、脉石矿物（见表7-31）。

表 7-31　BeO 赋存状态　　　　　　　　　　　　（%）

矿物名称	质量分数	BeO 品位	分布率
铌铁矿	0.32	0.00	0.00
兴安石	0.88	9.12	82.58
独居石	0.10	0.15	0.15
氟碳铈矿	0.060	0.00	0.00
锆　石	5.42	0.094	5.24
赤铁矿化含钛磁铁矿	2.79	0.10	2.87
锰钛铁矿	1.32	0.086	1.17
长石-石英组	87.25	0.008	7.18
霓石-钠闪石组	1.86	0.042	0.80
合　计	100.00	0.097	99.99

Ce_2O_3：主要赋存于兴安石，其次赋存于独居石、锆石矿物之中（见表 7-32）。

表 7-32　Ce_2O_3 赋存状态　　　　　　　　　（%）

矿物名称	质量分数	Ce_2O_3 品位	分布率
铌铁矿	0.32	0.00	0.00
兴安石	0.88	28.47	58.39
独居石	0.10	70.64	16.46
氟碳铈矿	0.060	6.35	0.89
锆　石	5.42	1.40	17.68
赤铁矿化含钛磁铁矿	2.79	0.49	3.19
锰钛铁矿	1.32	0.30	0.92
长石-石英组	87.25	0.010	2.03
霓石-钠闪石组	1.86	0.10	0.43
合　计	100.00	0.43	99.99

$ZrO_2(HfO_2)$：主要赋存于锆石之中（见表 7-33）。

表 7-33　$ZrO_2(HfO_2)$ 赋存状态　　　　　　（%）

矿物名称	质量分数	$ZrO_2(HfO_2)$ 品位	分布率
铌铁矿	0.32	0.00	0.00
兴安石	0.88	0.76	0.21
独居石	0.10	0.028	0.00087

矿物名称	质量分数	$ZrO_2(HfO_2)$ 品位	分布率
氟碳铈矿	0.060	0.00	0.00
锆 石	5.42	56.50	95.18
赤铁矿化含钛磁铁矿	2.79	0.99	0.86
锰钛铁矿	1.32	0.35	0.14
长石-石英组	87.25	0.13	3.53
霓石-钠闪石组	1.86	0.14	0.081
合 计	100.00	3.22	100.00

该稀有稀土矿含钍和铀。钍主要赋存于锆石和长石-石英组中，其次赋存于兴安石矿物之中。钍主要以类质同象分布在锆石、兴安石中；铀主要以类质同象赋存于锆石矿物之中。

7.8.5 脉石矿物嵌布特征

钠长石、石英是矿石中的主要脉石矿物，结晶粒度较粗，一般在 0.2～0.6mm。钠长石颜色为粉色，半透明，在薄片中为柱状晶体。表面覆盖有棕色、浅褐色物体。钠长石单矿物中含铌，且铌主要呈包裹体形式分布。钠长石与锆石、兴安石、独居石等呈连生体存在。早期石英颗粒粗大，与长石粒度相近。在薄片中可见到石英包裹着纤维状铌铁矿集合体。晚期石英与铌铁矿、赤铁矿等矿物一同贯入分布。晚期形成的石英矿物结晶程度差，结晶粒度细小，晚期蚀变交代作用使有用矿物存在形式复杂、多样。

7.8.6 矿石结构构造

矿石结构为交代结构、变余粗-中粒花岗结构，具有典型的花岗岩构造。

7.8.6.1 矿石结构

矿石结构种类如下：

（1）交代结构。板条状的钠长石将石英交代呈"穿孔"状；板条状钠长石交代了钠闪石，强烈的钠长石化出现了钠长石集中地段；钠长石交代显微条纹长石斑晶。

（2）放射状、束状、针状集合体结构。铌铁矿绝大多数呈放射状、束状、针状集合体浸染于脉石矿物中。放射状铌矿与兴安石连生。放射状铌铁矿与锆石连生。铌铁矿的此种结晶习性在碎矿过程中易被破碎。

（3）不规则粒状花瓣状结构。兴安石呈不规则粒状、花瓣状包于脉石矿物石英单体之中，兴安石嵌布于钠长石与钾长石之间。

（4）晶簇状结构。锆石呈晶簇状集合体且具环带结构。多数锆石为不规则柱粒状。锆石的此种结晶习性与脉石矿物接触界线弯曲，不易解离。

（5）纤维状集合体结构。铌铁矿呈纤维状集合体分布在脉石矿物中。

（6）自形、半自形晶结构。兴安石、独居石呈自形、半自形晶分布在脉石矿物中。

（7）他形晶结构。锆石呈他形晶分布在脉石矿物中。

（8）浸染状结构。铌铁矿呈细粒浸染状分布在钠长石、兴安石中。

（9）脉状结构。晚期形成的石英、钛铁矿、铌铁矿等一同贯入分布呈不规则脉状。

（10）包含结构。独居石包于星叶石中。

7.8.6.2 矿石构造

矿石构造种类如下：

（1）中粗粒构造。石英、钠长石为中粗粒呈粒间嵌布。

（2）浸染状构造。铌铁矿、兴安石、独居石等有用矿物呈浸染状分布在脉石矿物中。

（3）脉状构造。石英、铌铁矿等呈不规则脉状分布在矿物中。

复习思考题

7-1 磁铁矿在白云鄂博矿石中的嵌布关系特征是什么？

7-2 MLA 自动检测技术在稀土矿物在矿石的赋存状态的研究中与传统显微镜相比有什么优点？

7-3 怎样利用矿物的折光率来区别矿物？

7-4 稀有金属矿的矿石结构构造有什么特征？

8 中南部地区稀土工艺矿物学研究实例

8.1 四川氟碳铈矿稀土矿

8.1.1 试样性质研究

8.1.1.1 样品多元素分析和物相分析

试样来自四川省冕宁县，样品多元素分析结果见表 8-1，结果表明该矿中的有价成分除稀土外，还有 $BaSO_4$、CaF_2、Ag 等。

表 8-1　原矿多元素分析　　　（%）

成分	REO	CaF_2	Pb	P	$BaSO_4$	SiO_2
含量	2.87	3.95	1.25	0.15	17.69	39.01
成分	MgO	TiO_2	Al_2O_3	$Ag/g \cdot t^{-1}$	F	
含量	0.65	0.60	6.07	9.78	1.75	

8.1.1.2 原矿矿物组成

采用 MLA 矿物自动检测技术和显微镜对矿石样品进行矿物查定和定量测定，主要矿物组成及含量见表 8-2。由测定结果可知，矿石中的稀土矿物主要是氟碳铈矿，其次氟碳钙铈矿、褐帘石，极少量独居石、磷钇矿、铈榍石、钍石等；可利用的非金属矿物有重晶石和萤石。脉石矿物主要为石英、长石等。

表 8-2　原矿主要矿物组成及含量　　　（%）

矿物名称	氟碳铈矿	氟碳钙铈矿	独居石	磷钇矿	褐帘石	铈榍石
含量	3.067	0.176	0.054	0.070	0.190	0.024
矿物名称	钍石	铀烧绿石	褐铁矿	铅硬锰矿	水磷铝铅矿	重晶石
含量	0.005	0.007	3.323	3.898	0.208	16.934
矿物名称	萤石	石英	正长石	云母	其他	合计
含量	2.586	20.560	40.150	3.365	5.383	100.000

8.1.1.3　主要矿物嵌布粒度

将原矿块矿样品磨制成光片和薄片，显微镜下测定稀土矿物（包括氟碳铈矿、氟碳钙铈矿、独居石、磷钇矿、褐帘石）和重晶石、萤石的嵌布粒度，测定结果见表8-3。结果表明，该矿石中氟碳铈矿为主的稀土矿物嵌布粒度较粗，嵌布粒度大于0.08mm约占83%，对重选分离稀土矿物较为有利；重晶石的嵌布粒度以细至微细粒为主，主要粒度范围在0.02~0.32mm；萤石多呈细脉状，嵌布粒度较均匀，主要粒度范围在0.04~0.32mm之间。

表8-3　主要矿物的嵌布粒度

粒级/mm	粒度分布/%		
	稀土矿物	重晶石	萤石
72.56	3.43	—	—
2.56~1.28	1.71	—	—
1.28~0.64	19.71	9.35	—
0.64~0.32	13.28	11.68	—
0.32~0.16	22.92	23.37	47.06
0.16~0.08	22.39	26.29	31.37
0.08~0.04	12.75	15.77	11.76
0.04~0.02	3.51	10.51	5.88
0.02~0.01	0.28	2.63	2.94
<0.01	0.02	0.40	0.98
合　计	100.00	100.00	100.00

8.1.1.4　稀土矿物解离度测定结果

显微镜下测定0.8mm以下原矿各粒级产品稀土矿物的解离度，测定结果见表8-4。结果表明，0.4mm以上稀土矿物解离度较低，而在0.25mm以下粒级稀土矿物可达到良好的解离。

表8-4　稀土矿物解离度测定结果

粒级/mm	产率/%	REO含量/%	解离度/%
70.8	10.24	7.20	64.56
0.8~0.63	7.00	5.50	70.46
0.63~0.4	10.86	3.55	80.30
0.4~0.25	9.30	3.03	90.70

粒级/mm	产率/%	REO 含量/%	解离度/%
0.25~0.1	17.14	4.45	96.46
0.1~0.043	11.16	6.72	98.67
<0.043	34.30	2.84	100.00
合　计	100.00	4.28	总解离度 87.98

8.1.2 主要矿物的矿物学特性和嵌布状态

8.1.2.1 氟碳铈矿

矿石中氟碳铈矿主要稀土元素为 Ce、La、Nd 和少量 Gd，不含放射性元素 Th。该矿石中氟碳铈矿多呈自形至半自形晶粒状，主要有四种嵌布形式：（1）氟碳铈矿呈自形晶至半自形晶粒状嵌布在石英、长石之间；（2）氟碳铈矿被重晶石交代，呈不规则粒状残晶；（3）少量氟碳铈矿充填于黑云母缝隙中；（4）部分长石、石英中含微细粒氟碳铈矿包裹体。氟碳铈矿具弱磁性，在 800~1100mT 场强下进入磁性产品。

8.1.2.2 氟碳钙铈矿

能谱分析结果表明，矿石中氟碳钙铈矿主要稀土元素为 Ce、La、Nd 和少量 Y，部分颗粒有放射性元素 Th 的替代。氟碳钙铈矿具弱磁性，磁性略弱于氟碳铈矿，在 1000~1400mT 场强下进入磁性产品。矿石中氟碳钙铈矿多为交代氟碳铈矿而生成，多分布在氟碳铈矿边缘，少量呈浸染状分布在次生的绿泥石中。

8.1.2.3 独居石

该矿石中独居石具弱磁性，磁性略强于氟碳铈矿，在 700~1000mT 场强下进入磁性产品。矿石中独居石含量极少，见少量独居石分布于脉石矿物之间，具有较完整的晶型。

8.1.2.4 磷钇矿

矿石中含有极少量磷钇矿，能谱分析表明，该磷钇矿较特殊，含有较高的铅。磷钇矿具弱磁性，磁性略强于独居石，在 400~600mT 场强下进入磁性产品。

8.1.2.5 褐帘石

褐帘石为该矿石中次要的稀土矿物。矿石中可见褐帘石与钠铁闪石连生，但大多已被交代蚀变，呈残晶分布于重晶石等矿物中。

8.1.2.6 榍石

榍石属于含钛的硅酸盐矿物，该矿石中含有极少量榍石，也有铈榍石，两者比例约 1:1。该矿石铈榍石中 Ce 替代了大部分 Ca，并伴随 Fe 和 Nb 替代 Ti。在矿石中见铈榍石交代氟碳铈矿，氟碳铈矿呈残晶状包裹于铈榍石中。

8.1.2.7　重晶石

重晶石是矿石中可利用的非金属矿物之一。矿石中重晶石普遍含有少量 Sr，但不含其他杂质。重晶石单矿物分析结果为：$Ba(Sr)SO_4$ 96.07%，REO 0.39%。矿石中重晶石呈不规则粒状分布在长石、石英中，也见重晶石交代褐帘石、氟碳铈矿等。

8.1.2.8　萤石

萤石也是矿石中可综合回收的矿物。矿石中大多数萤石呈淡紫色、透明，少数萤石呈深紫色透明晶体。矿石中萤石数量不多，多呈脉状充填于矿石裂隙中，萤石呈碎裂状，裂缝中充填褐铁矿。

8.1.3　稀土在矿石中的赋存状态

根据矿石矿物定量检测结果、能谱分析和单矿物分析，稀土在矿石中的平衡分配结果见表 8-5。从表 8-5 可以看出，虽然主要稀土矿物为氟碳铈矿，但稀土矿物种类很多，可分为稀土碳酸盐、稀土磷酸盐和稀土硅酸盐三类矿物。稀土碳酸盐和磷酸盐矿物有氟碳铈矿、氟碳钙铈矿、独居石、磷钇矿，其中以氟碳铈矿和氟碳钙铈矿矿物形式存在的稀土占原矿稀土总量的 86.67%，以独居石矿物形式存在的稀土占原矿稀土总量的 1.28%，以磷钇矿物形式存在的稀土占原矿稀土总量的 1.43%。因此，赋存于稀土碳酸盐和磷酸盐矿物中的稀土占稀土总量的 89.38%。稀土硅酸盐矿物有铈榍石和褐帘石，其中赋存于铈榍石中的稀土占原矿稀土总量的 0.29%，赋存于褐帘石中的稀土占原矿稀土总量的 1.69%。因此，赋存于稀土硅酸盐中的稀土占稀土总量的 1.98%。另外，分散于铅矿物中的稀土占原矿稀土总量的 3.97%，分散于重晶石中的稀土占原矿稀土总量的 2.32%，分散于褐铁矿中的稀土占原矿稀土总量的 0.35%，分散于石英、长石等脉石矿物中的稀土占原矿稀土总量的 2.00%。如果回收碳酸稀土和磷酸稀土，预测该矿石稀土的理论回收率将达到 89% 左右。

表 8-5　稀土在矿石中的平衡分配　　　　　　　　　（%）

矿　物	矿物含量	矿物含 REO 量	分配率
氟碳铈矿/氟碳钙铈矿	3.243	75.99	86.67
独居石	0.054	67.47	1.28
磷钇矿	0.070	58.08	1.43
铈榍石	0.024	34.20	0.29
褐帘石	0.190	25.28	1.69
脉石	71.112	0.08	2.00

矿 物	矿物含量	矿物含 REO 量	分配率
重晶石	16.934	0.39	2.32
褐铁矿	3.323	0.30	0.35
铅硬锰矿	3.898	2.75	3.77
水磷铝铅矿	0.208	2.70	0.20
其他	0.944	—	—
合计	100.000	2.843	100.00

8.2 德昌大陆槽稀土矿

四川德昌大陆槽稀土矿是四川省地矿局 109 地质队于 20 世纪 90 年代发现的一个大型稀土矿床，位于我国西南地区冕宁-德昌稀土成矿带的南端。大陆槽稀土矿的矿石中不仅含有丰富的稀土，还有含量较高的铅、锶、钡、萤石等可供综合利用。然而，由于矿石结构及组成较复杂、风化严重、含泥较高和矿石矿物嵌布关系复杂等因素，导致大陆槽稀土矿综合回收难度较大。本节对大陆槽稀土矿矿石进行了系统的工艺矿物学研究，并对矿石的选矿流程设计提供了建议，从而为矿石的高效利用奠定了基础。

8.2.1 矿石的物质组成

8.2.1.1 化学成分

样品取自大陆槽稀土矿选矿试验样，土黄色，粉末状，最大粒径仅为 5mm 左右。样品是以 La、Ce 为主的轻稀土矿石，并且 Sr、Ca、Ba、F 和 Pb 等元素的含量较高，其化学分析结果见表 8-6。

表 8-6 矿石化学分析结果　　　　　　（%）

成分	TREO	La	Ce	Nd	Th	SrO
含量	2.81	0.81	1.13	0.27	0.024	10.86
成分	SiO_2	S	CaO	MgO	TFe	TiO_2
含量	18.08	1.95	29.31	0.30	3.22	0.20
成分	Al_2O_3	K_2O	Na_2O	BaO	F	
含量	13.04	2.63	0.12	7.24	7.13	

8.2.1.2 矿物组成

矿石矿物组成见表 8-7，主要的稀土矿物为氟碳铈镧矿，其矿物量为

3.82%；其余的稀土矿物含量很低。锶、钡矿物主要以硫酸盐及碳酸盐矿物形式存在，其中碳酸锶碳的矿物含量为7.60%；呈硫酸盐形式存在的矿物中以端元成分天青石、重晶石存在的矿物量较低，其矿物含量为1%~2%，大部分的锶钡矿物以锶钡硫酸盐矿物存在，其矿物含量为17.10%。脉石矿物种类较多，以硅酸盐钾长石，碳酸盐的方解石以及萤石、石英等组成。其他金属矿物含量很低，以褐铁矿、钛铁矿等形式出现。

表8-7　矿石中矿物组成及相对含量　　　　　　　　（%）

矿物名称	含量	矿物名称	含量	矿物名称	含量	矿物名称	含量
氟碳铈镧矿	3.82	天青石	1.50	方解石	10.75	石英	7.45
独居石	0.03	重晶石	2.21	钾长石	19.10	褐铁矿	2.85
钍石	0.01	锶钡硫酸盐矿物	17.10	白云母	1.80	其他矿物	6.77
碳酸锶矿	7.60	萤石	17.69	黑云母	1.32	总计	100.00

8.2.2　矿石的结构构造及工艺特征

矿石整体结构为土状结构，显微镜下矿石的结构主要为结晶结构，以不等粒中细粒结构为主，其次为自形-半自形-他形晶粒状结构、交代残余结构、隐晶质结构、鳞片变晶结构和包含结构。

氟碳铈镧矿呈柱状、板状、他形晶粒状晶体。油脂光泽或玻璃光泽，颜色为酒黄色。理论密度为4.3~4.7g/cm³。具弱电磁性。氟碳铈镧矿某点能谱分析数据接近于矿物理论值（见图8-1和表8-8），其中铈、镧的含量变化原因可能如下。

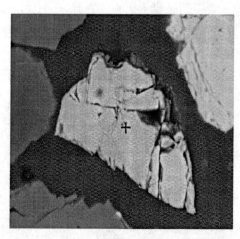

(a)

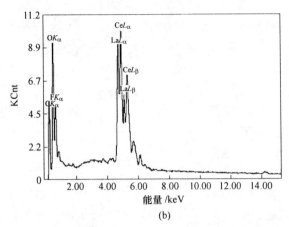

图 8-1　氟碳铈镧矿能谱点位（a）和氟碳铈镧矿谱图（b）

表 8-8　氟碳铈镧矿点能谱分析数据

名称	C	O	F	La	Ce
质量分数/%	24.95	19.04	8.69	20.97	26.36
原子分数/%	51.12	29.28	11.25	3.72	4.63

（1）铈、镧可在氟碳铈镧矿矿物中互相替换，根据矿石原矿化学分析资料，铈、镧在矿物中的比例应是 51:49。

（2）氟碳铈镧矿中有天青石、重晶石、萤石、黏土矿物、褐铁矿的微小颗粒，影响能谱分析的精度。在透射光下为微弱的黄色。折光率较高。柱状切面为平行消光。干涉色较高，为高级白。可以分布在萤石、方解石、重晶石、天青石等矿物粒间，也可以被这些矿物包裹或相连生。

重晶石和天青石都是硫酸盐矿物，钡和锶常构成类质同象系列。在样品中这两种矿物都为白色，粒状集合体或板状。颗粒粒径较大，大于 0.074mm 的占 96.07%；小于 0.04mm 以下的占有率仅为 0.71%。玻璃光泽。密度有 4.3~4.7g/cm³，与氟碳铈矿相当。重晶石和天青石为电的不良导体。在薄片中为无色透明，折光率中等。平行消光。干涉色为不均匀的一级灰白、黄白。在矿石中，这两种矿物经常共生。

萤石在样品中颗粒粗大，粒径大于 1mm 者的占有率达 37.75%，一般在 0.15~1mm 之间。其在矿石中的存在状态有两种现象；一种为结晶完好的无色、淡紫色的透明晶体，一般呈自形-半自形-他形晶粒状。常见两组菱形解理或三组交角为 60° 的解理，通常与天青石、重晶石和方解石等矿物紧密接触或内包含有微细粒状的氟碳铈镧矿颗粒。另一种为不均的紫色或黑褐色的非晶质或隐晶质的不规则状的萤石，常充填在重晶石、天青石、方解石等矿物粒间，或与方解石、氧化铁交织在一起。

样品中的金属矿物有黄铁矿、黄铜矿、铜蓝、方铅矿、闪锌矿、磁铁矿和褐铁矿等矿物。黄铁矿一般被褐铁矿交代形成残余状或骸晶状；褐铁矿常呈半自形至他形晶粒状，散布或集合体形成不规则的脉状分布；其余金属矿物呈微细粒状星散分布。整个样品中金属矿物含量约 1%~3%，其中以褐铁矿为主。相互之间紧密镶嵌成为集合体状，或粒间夹有氟碳铈矿、方解石、萤石等矿物，以及内部包裹有微粒状的氟碳铈矿。

8.2.3　主要矿物的工艺粒度

样品中的主要矿物为氟碳铈镧矿、碳酸锶矿、天青石和重晶石、萤石。通过大量的显微镜下测量，结合 MLA 技术测量了主要矿物的工艺粒度。其中，氟碳镧铈矿的工艺粒度 0.2mm 以上粒级的含量为 54.19%；0.074mm 以下粒级的分布率为 28.19%（见表 8-9）；由于天青石和重晶石在显微镜下的光学性质相近，不易区分，故将两者的工艺粒度合而为一进行测定（见表 8-10），天青石和重晶石在本样品中的工艺粒度较粗，1mm 以上粒级的含量为 35.25%，0.074mm 以下粒级的含量仅为 3.93%，其粒径大小主要集中分布在 0.074mm；萤石的工艺粒度为德昌大陆槽矿区矿石中最粗的（见表 8-11），0.5mm 以上粒级的含量为 66.74%；0.074mm 以上粒级的占有率为 99.78%。

表 8-9　氟碳铈镧矿的工艺粒度测定结果

粒径范围/mm	>0.5	0.5~0.2	0.2~0.15	0.15~0.074	0.074~0.04	0.04~0.02	0.02~0.01	<0.01
含量/%	27.17	27.02	9.25	8.37	14.10	10.42	3.38	0.29
累计含量/%	27.17	54.19	63.44	71.81	85.91	96.33	99.71	100

表 8-10　天青石、重晶石的工艺粒度测定结果

粒径范围/mm	>1	1~0.5	0.5~0.2	0.2~0.15	0.15~0.074	0.074~0.04	0.04~0.02	0.02~0.01
含量/%	35.25	14.70	29.95	4.64	11.53	3.22	0.44	0.27
累计含量/%	35.25	49.95	79.90	84.54	96.07	99.29	99.73	100

表 8-11　萤石的工艺粒度测定结果

粒径范围/mm	>1	1~0.5	0.5~0.2	0.2~0.15	0.15~0.074	0.074~0.4
含量/%	37.75	28.99	27.06	2.47	3.51	0.22
累计含量/%	37.75	66.74	93.80	96.27	99.78	100

8.2.4　氟碳铈镧矿、天青石和重晶石的单体解离度

从表 8-12 可知，随着磨矿细度的增加，氟碳铈镧矿的单体含量也逐渐增加，

当磨矿细度 0.074mm 以下的含量占 63.37% 时，其氟碳铈镧矿单体含量为 46.69%；当 0.074mm 以下的含量占 86.52% 时，氟碳铈矿的单体含量为 85.19%；氟碳铈镧矿与其他矿物的连体含量也相应地逐渐减少，如与重晶石、天青石的连体由磨矿细度 0.074mm 以下的含量占 63.37% 时的 42.16% 减少至 0.074mm 以下的含量占 86.52% 时的 9.25%；与萤石的连体含量由磨矿细度为 0.074mm 以下的含量占 63.37% 时的 11.15% 减少至 0.074mm 以下的含量占 86.52% 时的 5.56%，尽管样品中氟碳铈镧矿的工艺粒度比天青石、重晶石的工艺粒度细，但在同样磨矿细度时两者的单体含量氟碳铈镧矿却要比天青石、重晶石的单体含量高。如磨矿细度在 0.074mm 以下的含量占 63.37% 时，氟碳铈矿的单体含量为 46.69%，而天青石、重晶石的单体含量只有 25.18%；0.074mm 以下的含量占 74.37% 时，前者相对应为 57.14%，而后者为 41.82%；0.074mm 以下的含量占 86.52% 时前者达到 85.19%，后者仍然只有 62.52%。

表 8-12　氟碳铈镧矿、天青石和重晶石的单体解离度

名称	氟碳铈镧矿（连体）/%			天青石和重晶石（连体）/%			
0.074mm 以下的含量占比/%	单体	与重晶石、天青石	与萤石	单体	与氟碳铈矿	与萤石	与其他矿物
63.37	46.69	42.16	11.15	25.18	15.46	16.64	42.71
74.37	57.14	35.22	7.64	41.82	9.53	12.53	36.12
86.52	85.19	9.25	5.56	62.52	4.48	10.39	22.61

8.3　四川氟碳铈矿

四川某稀土矿矿石为研究对象，通过光谱半定量分析、化学分析、电镜扫描能谱分析、莱卡实体显微镜、莱卡偏反光显微镜鉴定等手段，查明该稀土矿中稀土的赋存状态，矿物的嵌布特征，并就影响选矿指标的矿物学因素进行了分析。

8.3.1　矿石的化学性质

矿石的光谱半定量分析结果、多元素化学分析结果见表 8-13 和表 8-14，稀土配分结果列于表 8-15。由表 8-13~表 8-15 可知，矿石中的稀土元素为有价成分，稀土总量为 9.93%，稀土元素主要为镧系元素铈、镧，其次有少量钕、镨，微量 Dy、Sm、Tm、Eu、Gd、Tb、Y、Lu、Ho，主要杂质成分为 SiO_2、CaF_2、$BaSO_4$，其次有少量 Al_2O_3、Fe_2O_3。

表 8-13　矿石的光谱半定量化学分析结果　　　（%）

成分	SiO$_2$	CaO	Ba	Al$_2$O$_3$	F	Fe$_2$O$_3$	Ti	SO$_3$	Ce
含量	33	14	13	7.1	6.4	6.1	0.07	5.6	3.9
成分	La	K$_2$O	MgO	Na$_2$O	Zn	Mn	Nd	Pb	Sr
含量	2.9	2.1	2.0	1.6	0.07	0.5	0.5	0.4	0.3
成分	Gd	P$_2$O$_5$	Zr	Y	Rb	Cs	Nb		
含量	0.2	0.1	0.03	0.03	0.02	0.02	0.01		

表 8-14　矿石的多元素化学分析结果　　　（%）

成分	SiO$_2$	CaF$_2$	BaSO$_4$	Fe	Al$_2$O$_3$
含量	40.27	16.91	14.91	3.22	5.56
成分	MgO	S	RE$_x$O$_y$	P	CaO
含量	2.07	4.72	9.93	0.046	11.83

表 8-15　稀土配分　　　（%）

成分	CeO$_2$	La$_2$O$_3$	Nd$_2$O$_3$	Pr$_2$O$_3$	Sm$_2$O$_3$	Tb$_4$O$_7$
含量	32.16	52.33	7.65	6.66	0.74	0.19
成分	Eu$_2$O$_3$	Gd$_2$O$_3$	Dy$_2$O$_3$	Tm$_2$O$_3$	Y$_2$O$_3$	Ho$_2$O$_3$
含量	0.10	0.09	0.04	0.02	0.01	0.01

8.3.2　矿石的矿物组成及含量

采用莱卡实体显微镜、莱卡偏反光显微镜对矿石的标本、光片、薄片进行鉴定，查明原矿中的矿物组成，结果见表 8-16。

表 8-16　原矿的矿物组成及大致含量测定结果　　　（%）

矿物名称	长石、石英	重晶石	萤石	氟碳铈矿	角闪石
含量	19~20	14	16.4	13.3	16
矿物名称	黑云母	褐铁矿	绢云母	辉石	其他
含量	9	3	7	2	<0.5

注：其他包括独居石、磁铁矿、赤铁矿、锆石等微量矿物。

从表 8-16 可知，矿石中选矿回收的主要稀土矿物为氟碳铈矿，重晶石、萤石为具有综合利用价值的矿物，主要杂质矿物为长石、石英、角闪石、黑云母、绢云母，少量褐铁矿、辉石。

8.3.3 矿石的结构与构造

8.3.3.1 矿石的构造

矿石主要呈半风化至风化型，多数结构松散，呈半松散的块状、砂土状、粉末状，部分湿度较大的呈暗红褐色、白色的泥状物，矿石的构造主要为浸染状构造，氟碳铈矿及萤石呈浸染状嵌布于矿石中。

8.3.3.2 矿石的结构

矿石的结构主要有自形晶粒状、他形晶粒状、针柱状、片状结构等。自形至半自形晶粒状结构，矿石中氟碳铈矿的多数呈板状、双锥状自形至半自形晶粒状结构；他形晶粒状结构，矿石中的多数萤石、石英、长石、磷灰石、辉石及少数氟碳铈矿呈他形晶粒状结构；针柱状结构，矿石中的角闪石呈针柱状结构；片状结构，矿石中的黑云母呈片状结构。

8.3.4 主要矿物特征描述及共生关系

主要矿物有：

(1) 氟碳铈矿。氟碳铈矿理论值为 RE_xO_y 74.77%，CO_2 20.17%，F 8.73%，机械混入物有 SiO_2、Al_2O_3、Fe_2O_3、P_2O_5。显微镜下挑选该样品中的氟碳铈矿进行单矿物化学分析，其含量为 RE_xO_y 74.72%，CO_2 14.31%，F 10.36%，Ba 0.33%，CaO 0.28%，稀土含量与理论值接近。矿物晶体成板状或粒状，呈黄褐色、浅黄色、蜡黄色，玻璃光泽、油脂光泽，多数为半透明，少数为透明，如图 8-2~图 8-4 所示。硬度为 4~4.5，性脆，密度为 4.72~5.12g/cm³，有时具放射

图 8-2　氟碳铈矿呈板状或粒状

性、弱磁性。氟碳铈矿一般呈粒状嵌布于绢云母、黑云母中，有的与萤石共生，少数氟碳铈矿中包含 0.02~0.04mm 的细粒角闪石。粒度最大为 1.2mm，多数为 0.1~0.8mm。氟碳铈矿溶于稀盐酸、硫酸中，在磷酸中迅速分解，溶解度随着酸浓度的增大而增加。

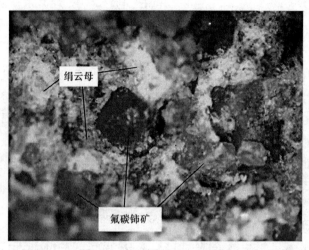

图 8-3　氟碳铈矿的嵌布状况

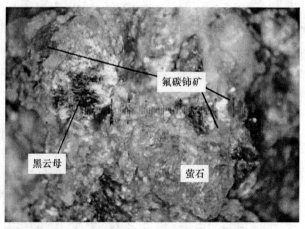

图 8-4　氟碳铈矿与萤石、黑云母共生

（2）萤石。显微镜下挑选本样品中的萤石进行单矿物化学分析，其中 RE_xO_y 0.17%，说明萤石中含有类质同象形式存在的极少量的稀土成分。萤石晶体呈粒状，颜色多数为浅紫色至深紫色，少数呈粉绿色至无色。硬度为 4，密度为 3.18g/cm³。粒度最大为 5mm，最小为 0.04mm，多数为 0.15~1.5mm。

（3）重晶石。晶体呈板状，白色、浅红或浅黄色，密度为 4.3~4.7g/cm³、硬度为 3~3.5，粒度多为 0.1~0.4mm。

（4）长石。晶体呈板柱状，不规则粒状白色至无色，透明至半透明。部分蚀变为绢云母。粒度多数为 0.1~0.4mm。

（5）石英。呈不规则粒状，无色透明，分散嵌布于长石中，有的石英中包含针柱状角闪石。粒度为 0.2~0.4mm。

（6）黑云母。晶体呈假六边形片状，在矿石中常常呈片状集合体产出，颜色为黄绿色至墨绿色。粒度最大为 4mm，多数为 0.1~1.0mm。

（7）角闪石。长柱状或板柱状，晶面有纵纹，颜色为黄绿色、蓝绿色或深蓝色，通常在矿石中呈无方向的杂乱嵌布，有的嵌布于绢云母中，有时穿插于石英、萤石、氟碳铈矿中，少量蚀变为绢云母、褐铁矿。角闪石宽度为 0.02~0.3mm，长度为 0.1~2mm。

（8）辉石。含量较少，晶体呈不规则粒状，多数暗绿色，少数黄绿色，一般分散嵌布于矿石中，粒度一般为 0.1~0.4mm。

（9）绢云母。绢云母呈细鳞片状，无色、白色、浅绿色、浅黄色。一般为集合体团块状，有时分散充填于其他矿物的粒间隙中，粒度为 0.005~0.04mm。

8.3.5 影响选矿工艺的矿物学因素

8.3.5.1 有价元素的赋存形态的影响

矿石的有益组分为稀土元素，在矿物定量的基础上，分别对分离单矿物进行稀土总量分析及电镜扫描能谱分析，表 8-17 所列为电镜扫描能谱分析结果，表8-18 所列为稀土在各主要矿物中的分配。

表 8-17　氟铈镧矿的电镜扫描能谱分析结果　　　　　　　（％）

测点	O	F	Al	Si	Ca	La	Ce	总量
1	30.61	7.29	5.34	4.89	3.56	22.73	25.58	100.00
2	24.28	8.73				29.48	37.51	100.00

表 8-18　稀土在主要矿物中的平衡分配　　　　　　　　　（％）

矿物	矿物含量	REO 含量	分配率
氟碳铈矿	13.3	9.938	99.72
萤石	16.4	0.028	0.28
褐铁矿	3.0	0	0
其他脉石	67.0	0	0
合计	99.7	9.966	100.00

由表 8-17 可见，有的氟碳铈矿中含少量 Si、Al、Ca 杂质。由表 8-18 可见，原矿中以氟碳铈矿矿物形式存在的稀土，占原矿中总量的 99.72%；以微细包裹体存在于萤石矿物中的稀土，占原砂中总量的 0.28%；其他脉石中不含稀土元素。

8.3.5.2 有用矿物的结构、矿石构造及共生关系的影响

矿石中的氟碳铈矿含量较高，多数结晶完整，呈双锥状、板状，粒度大小多数在 0.1~0.8mm，在矿石中大部分较为纯净，与脉石接触面平滑、规整，因此，大部分较易单体解离，对选矿较为有利。只有很少量细粒角闪石穿插包含在氟碳铈矿中，而必须细磨才能达到解离。由于部分矿石风化严重，质地松软易碎，形成原生矿泥，而氟碳铈矿、重晶石等虽颗粒较粗大，但其性脆，在矿石磨细时易产生过粉碎，形成次生矿泥。为了消除矿泥对氟碳铈矿浮选分离的不利影响，需在矿石浮选前采用有效的脱泥措施。

8.3.5.3 矿物的密度、磁性等对选矿的影响

主要矿物的密度为：氟碳铈矿 4.72~5.12g/cm³，萤石 3.18g/cm³，重晶石 4.3~4.7g/cm³，角闪石 3~3.5g/cm³，黑云母 3~3.12g/cm³，石英、长石 2.6~2.7g/cm³。可以看出，由于氟碳铈矿的密度与铁矿物、重晶石相近，磁性则与褐铁矿、黑云母、角闪石等弱磁性矿物相近，因而分离回收稀土矿物的难度极大。因此，矿物的工艺性质决定了该矿石无论采用单一重选还是磁选方法均难获得理想分离效果。同时，稀土为过渡元素，其原子、离子半径较大，稀土矿物的金属离子与重晶石、萤石等碱金属矿物的离子半径相近，而可浮性与含钙、钡的萤石、方解石、磷灰石、重晶石相近，导致其矿物在结晶化学、表面化学等方面性质相近，而可浮性与含钙和钡的萤石、重晶石相近，因而可浮性也相近，采用常规药剂及药剂制度浮选分离也存在较大技术难度。

8.4 织金胶磷矿

贵州织金含稀土磷矿床是稀土资源蕴藏量较大的磷矿床，稀土储量达上百万吨。含稀土生物碎屑白云质磷块岩为主要矿石类型，并占磷块岩的 95% 以上。磷块岩呈灰黑色、深灰-浅灰、蓝灰及灰黄色，常见薄层-中厚层构造、深色磷质及浅色白云质为主构成条带状构造。矿石常以生物碎屑结构、泥晶结构及藻屑结构等为主，胶磷矿化生物屑、含生物屑白云石、小壳化石大致定向排列、胶状磷矿构成条带状磷块岩。该矿床主要矿物成分为胶磷矿，可分为 2 种类型：一为胶磷矿化生物屑，主要为小壳化石等被胶磷矿化，见小壳化石碎片、藻类化石类、角石类化石等；二是团粒团块状、浸染状胶磷矿，为内碎屑胶磷矿二次迁移-沉积作用形成。其他为少量玉髓、黄铁矿、赤铁矿、碳酸盐类矿物及重晶石等。填

隙物以白云石为主，其含量为 36.9%~75.7%，含一定量方解石，黏土矿物含量较低，杂基支撑为主。

矿石自然类型分为以下几种：生物碎屑磷块岩、条带状磷块岩、鲕状磷块岩、内碎屑磷块岩与砂质磷块岩。分别代表了不同层位，构成白云质磷块岩整体（见图 8-5）。图 8-5(a) 中，生物屑磷块岩与内碎屑磷块岩接触，二者构成条带状磷块岩；图 8-5(b) 中，鲕状磷块岩见少量小壳化石等生物碎屑带，胶结物主要为碳酸盐矿物；图 8-5(c) 中，内碎屑磷块岩，样品中见产出内碎屑带，见不同期次白云石、方解石为浑圆状产出，局部地带为颗粒支撑；图 8-5(d) 中，砂屑磷块岩，基底为白云石。

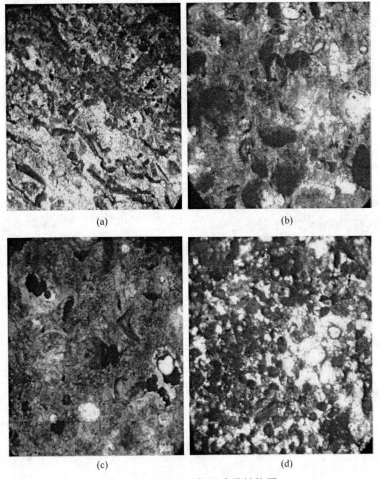

(a)

(b)

(c)

(d)

图 8-5　胶磷矿矿物组成及结构图

胶磷矿中磷酸盐矿物主要为氟磷灰石。XRD 分析结果证明，磷块岩主要矿物胶磷矿（氟磷灰石）含量为 14.20%~45.10%。各矿段含稀土平均品位为

0.05%~0.1%。

经镜下统计胶磷矿含量（体积分数）为30%~65%，白云石40%~70%，石英2%~6%，黏土矿物1%~5%，褐铁矿1%~5%。主要矿物的平均含量约为胶磷矿40%、白云石50%、石英-玉髓5%、黏土矿物5%、褐铁矿5%。XRD分析结果表明：矿样中氟磷灰石20.4%~45.1%，白云石36.9%~62.8%，方解石1.2%~11.8%，石英-玉髓2.0%~12.3%，黏土总量1.8%~3.4%。

化学分析结果表明，主要样品中P_2O_5含量为18.15%~26.13%，集中分布在18.15%~22.30%，符合典型中低品位磷块岩P_2O_5含量特征。样品中CaO含量为33.16%~48.18%，MgO含量为4.41%~8.75%，在显微镜下鉴定、扫描电镜观察测试主要脉石矿物为白云石、方解石特征相吻合。稀土元素含量测试结果表明轻稀土La、Ce等含量大于重稀土元素Y。

8.4.1 主要有用矿物嵌布特征

中低品位磷块岩中的胶磷矿主要呈生物碎屑、不规则粒状（凝胶状、块状、内碎屑、生物屑）产出，见条带状以及纤维状等。胶磷矿在单偏光下呈浅褐色-黑褐色，在正交偏光下显全消光性质。少量重结晶的胶磷矿在正交偏光下呈Ⅰ级灰至亮灰白干涉色。

胶磷矿按照嵌布特征主要分为3类：（1）细-微粒均匀嵌布；（2）不等粒带状嵌布；（3）不等粒不规则脉状嵌布。

8.4.2 脉石矿物的结构与嵌布关系

脉石矿物中白云石主要呈胶结物产出，一般为胶状、粉砂状。嵌布粒度0.02~0.15mm，白云石单体结晶粒度大多分布于0.01~0.05mm。石英主要见次棱角-次圆状，嵌布粒度范围0.02~0.10mm。玉髓呈微细粒集合体呈胶结物状产出。黏土矿物一般呈细粒片状集合体产出，常包裹胶磷矿、微细粒石英、褐铁矿以及碳质，构成杂基支撑结构。褐铁矿一般呈细粒状分散嵌布产出，嵌布粒度0.01~0.1mm，见后期脉状褐铁矿产出。

8.4.3 胶磷矿主要矿石粒度分布特征

胶磷矿选矿过程中，其主要颗粒粒度、表面化学性质以及解离性能控制着选矿指标的选择。对胶磷矿主要矿石样品进行了粒度统计分析，得出胶磷矿粒径分布范围为0.075~0.478mm，多见0.128~0.0745mm。

胶磷矿为主的硅钙质磷块岩矿石磨至0.10mm以下时，0.10~0.074mm粒级胶磷矿单体解离率为88.4%，0.074~0.037mm粒级的单体解离率为92.6%，对该类型胶磷矿的解离实验具有一定的参考意义。

8.5 湖北稀土矿石

湖北正长岩—碳酸岩型铌—稀土矿床在世界稀有稀土的资源储备中地位显著，这本身决定了该铌稀土矿石的研究意义和应用价值。

该铌-稀土矿地处湖北省境内，已查明储藏铌氧化物 93 万吨，平均品位 0.1%，稀土氧化物 122 万吨，平均品位 1.5%，按铌元素计为世界罕见的特大型矿床，稀土位居全国第二。目前制约该矿稀土资源开发利用的关键因素包括矿石品位低、矿物组成复杂及稀土元素赋存状态研究深度不够等，因此开展该矿区稀土矿物的工艺矿物学研究，对其稀土资源的综合利用起到一定的指导意义，为优化该矿区选矿工艺流程提供了重要的基础理论数据。

8.5.1 矿区的地质概况

正长岩—碳酸盐岩体产于湖北省境内，沿下震旦统耀岭河群和下志留统梅子垭组接触界面侵入。该岩体长 2950m，宽约 580~820m，形似透镜体，呈北东东—南西西向展布。根据矿物成分和结构，岩石可分两大类：（1）正长岩类包括正长岩、混染正长岩、正长斑岩和钠质正长岩；（2）碳酸岩类包括黑云母碳酸岩、方解石碳酸岩、含碳方解石碳酸岩和铁白云石碳酸岩。经查明，该矿床 TRE_2O_3 储量为 122 万吨，平均品位为 1.5%左右，矿化相当普遍，岩体含矿率约 65%。矿化特点为富铌贫钽、富铈贫钇族稀土，并伴有磷、硫、铀、钍、锆元素。

8.5.2 矿石的物质成分

8.5.2.1 矿石化学成分

稀土矿主要赋存于正长岩—正长斑岩型矿石中，表 8-19 所列为其矿石化学成分。根据表 8-19，原矿含 Nb_2O_5 0.11%，REO 1.608%，均超过工业品位，矿石伴有 P、S、Fe 等元素。

表 8-19 矿石的多项化学分析 （%）

化学成分	SiO_2	CaO	Al_2O_3	Fe_2O_3	MgO	MnO	TiO_2	Na_2O
含量	28.89	22.36	9.65	9.03	2.54	1.16	0.80	1.07
化学成分	K_2O	P_2O_5	S	有机碳	REO	Nb_2O_5	Lost	
含量	4.80	2.10	1.095	1.34	1.608	0.11	17.12	

8.5.2.2 矿石中主要稀土元素及铌的分配

运用工艺矿物学参数自动定量分析测试仪（MLA），对稀土矿石的主要稀土元素的分配进行测试。根据表 8-20，稀土元素有 La、Ce、Pr、Nd、Sm、Gd，主要以 Ce、La、Nd 富集，其配分 Ce>La>Nd。稀土元素主要形成独立矿物，包括独居石、氟碳铈矿、氟碳钙铈矿及褐帘石，次有微量的褐钇铌矿和易解石。矿石中含 Nb 的有用矿物为铌铁矿和铌金红石，次有极微量的烧绿石及变稀金矿等。

表 8-20   矿石中稀土元素及铌的分配   （%）

矿物	Ce	La	Nb	Nd	Pr	Sm	Gd
褐帘石	2.57	2.40	0	2.75	4.39	6.03	0
氟碳铈矿	38.39	37.94	0	39.30	41.09	45.37	99.46
氟碳钙铈矿	1.77	5.71	0	10.75	0	0	0
独居石	57.24	53.95	0	47.12	54.52	48.23	0
褐钇铌矿	0	0	0.06	0	0	0.03	0.05
易解石	0.03	0	1.38	0.08	0	0.34	0.48
烧绿石	0	0	2.99	0	0	0	0
变稀金矿	0	0	1.66	0	0	0	0
铌铁矿	0	0	82.88	0	0	0	0
铌金红石	0	0	11.03	0	0	0	0
总　计	100.00	100.00	100.00	100.00	100.00	100.00	100.00

8.5.3   矿石的矿物组成

8.5.3.1   主要矿物组成

正长岩—正长斑岩型矿石具有变余斑状结构、交代残余结构、浸染状及细脉浸染状构造。矿石具有弱的铁白云石化。

矿石的矿物组成复杂多样，主要有硅酸盐、碳酸盐、磷酸盐及氧化物、硫化物几大类。稀土矿物主要是独居石、氟碳铈矿、氟碳钙铈矿和褐帘石，次有微量的褐钇铌矿及易解石。矿石中主要伴生矿物有方解石、钾长石，次要的伴生矿物有铁白云石、白云母、黑云母、石英、磷灰石，微量矿物有黄铁矿、钛铁矿、褐铁矿、白钛石、赤铁矿等。

8.5.3.2   主要矿物含量

综合偏光显微镜及 MLA 分析仪检测，矿石中主要矿物的相对含量见表 8-21。脉石矿物以方解石、铁白云石及碱性长石为主，约占 65%；云母、石英、磷灰石为次要矿物，约占 25%；其余的微量矿物为稀土矿物（2%）、铌矿物

（0.3%）和金属矿物（5%）。

表 8-21 矿石主要矿物的相对含量（质量分数） （%）

矿物	独居石	氟碳铈矿	氟碳钙铈矿	褐帘石	褐钇铌矿	易解石	锆石
含量	≤1.2	0.5	0.1	0.2	<0.01	<0.01	0.01

矿物	方解石	铁白云石	长石	黑云母	白云母	石英	磷灰石
含量	30	8	27	10	6	6	3

矿物	铌铁金红石	铌铁矿	黄铁矿	磁黄铁矿	褐铁矿	变稀金矿	
含量	≤0.1	0.2	0.5	0.3	4	0.01	

8.5.4 稀土矿物的嵌布形式

8.5.4.1 稀土矿物的嵌布粒度

运用传统的光学显微镜及目前最先进的 MLA 自动定量分析仪，对有用矿物的嵌布粒度进行了测定，矿石中稀土矿物粒度普遍细小，独居石、氟碳铈矿和氟碳钙铈矿的粒度分布图如图8-6(a) 所示，稀土矿物粒度主要富集在 22~45μm 区间，不小于20μm 筛上累积为 71.18%，筛下累积达 28.82%；不小于10μm 粒度筛上累积占 86.27%，不大于10μm 筛下累积小于 13.73%。

如图8-6(b) 所示，褐帘石粒度在13.5~32μm 区间相对富集，其次在8.1~11.4μm 区间少有富集。不小于20μm 粒度筛上累积约占 40%；不小于10μm 粒度筛上累积约70%；不小于5μm 粒度筛上累积约 91.16%。

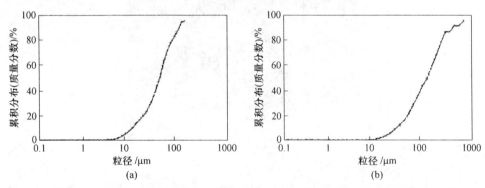

图 8-6 独居石、氟碳铈矿和氟碳钙铈矿（a）和褐帘石粒（b）的粒径分布

8.5.4.2 稀土矿物的连生关系

由表8-22 及图8-7得知，稀土矿物与方解石、铁白云石紧密连生，其次与长石、白云母、黑云母、石英、磷灰石等伴生矿物毗连生，稀土矿物的自由表面为27.66%。

表8-22   矿石中稀土矿物的连生关系   (%)

矿物	铌矿	铌金红石	长石	褐铁矿	磷灰石	铁白云石	方解石
连生	0.21	0.74	8.62	4.24	2.71	18.75	19.53
矿物	白云母	黑云母	石英	绿泥石	其他	自由表面	总计
连生	6.51	3.88	3.98	0.46	2.71	27.66	100.00

(a)

(b)

(c)

图8-7   稀土矿物的嵌布形式

8.5.4.3   稀土矿物的解离度

原矿中主要的稀土矿物和有用矿物的单体解离程度是确定磨矿细度最重要的依据之一。首先将样品破碎至2mm以下，筛分成三个粒级，分别测定分级产率后合并，再运用MLA测试解离度。原矿筛分后0.15mm以上占62%，0.15～0.074mm占9%，0.074mm以下占29%。据表8-23稀土矿物的解离度，稀土矿物的100%完全解离度达15.41%，大于1/2连生体的约占16%，小于1/2连生体的约占68%，贫连生体所占比例大，解离程度低。

表 8-23　稀土矿物的解离度　　　　　　　　　　　　（%）

稀土矿物的自由粒子表面	解离度（区间）	解离度（累计）
0	3.50	100.00
0<x≤20	56.88	96.50
20<x≤40	8.16	39.62
40<x≤60	5.60	31.46
60<x≤80	4.91	25.86
80<x≤100	5.53	20.94
100	15.41	15.41

8.5.5　主要稀土矿物的特征

8.5.5.1　独居石

独居石的化学式为（La，Ce，Nd）PO_4，表 8-24 所列为电子探针结果表明，独居石含稀土元素 Ce>La>Nd，是正长岩—正长斑岩矿石类型中主要回收的稀土矿物之一。

表 8-24　独居石电子探针分析结果　　　　　　　　（%）

矿物	La_2O_3	Ce_2O_3	Nd_2O_3	Gd_2O_3	Bi_2O_5	P_2O_5	FeO	Ho_2O_3	CaO	总计
独居石 1	18.19	35.9	11.95	5.27	2.51	22.46	1.9	0.83	0.39	99.4
独居石 2	20.912	29.400	8.435	3.099	4.189	31.999	—	—	0.066	98.099

独居石在薄片中呈淡黄绿色、蜜黄色，强透射光下透明无色。独居石常成粒状或细粒状集合体沿黑云母、方解石粒间分布或被包含其中；有的与钾长石、白云石、磷灰石、黄铁矿、铌矿物和氟碳酸盐矿物连生。

8.5.5.2　氟碳铈矿、氟碳钙铈矿

氟碳铈矿化学式为（La，Ce）$[CO_3]$F，氟碳钙铈矿化学式为 $CaCe_2[CO_3]_3F_2$。氟碳铈矿以铈、镧、钕三种最为富集，稀土配分 Ce>La>Nd，与白云鄂博矿区的氟碳铈矿相似，表 8-25 所列为氟碳钙铈矿及氟碳铈矿电子探针分析结果。

表 8-25　氟碳钙铈矿及氟碳铈矿电子探针分析结果　　（%）

矿物	La_2O_3	Ce_2O_3	Nd_2O_3	Gd_2O_3	Bi_2O_5	CaO	F	总计
氟碳钙铈矿	24.938	28.847	8.631	3.626	4.350	0.686	9.643	80.721
氟碳铈矿	24.177	31.344	11.593	4.152	4.538	0.228	7.478	83.511

氟碳酸盐矿物在透射光下为无色或淡黄色，具有弱的多色性，高级白干涉色，一轴晶正光性，高突起，显微镜下两者很难区分。氟碳铈矿和氟碳钙铈矿呈极细小粒状集合体浸染状沿矿石微裂隙分布或分布于黑云母、白云石和方解石晶粒间；有的与炭质掺杂浸染分布于铁白云石和长石边缘；还有的与钾长石、方解石、黄铁矿、黑云母、独居石和褐铁矿连生。

8.5.5.3 褐帘石

褐帘石化学式为 $(Ca, Ce)_2(Fe^{3+}, Fe^{2+})(Al, Fe^{3+})_2[Si_2O_7][SiO_4]O(OH)$，成分十分复杂，类质同象替代现象普遍。褐帘石在薄片中呈棕色柱粒状，吸收性显著，强透射光下内反射色显浅棕色，二轴晶正光性。褐帘石常常随白云母片理散布或与石英、长石镶嵌接触或与黑云母、钾长石共生。表 8-26 所列为褐帘石电子探针分析结果。

表 8-26　褐帘石电子探针分析结果　　　　　　　（%）

矿物	La_2O_3	Ce_2O_3	Nd_2O_3	Gd_2O_3	CaO	MnO	FeO	MgO	SiO_2	Al_2O_3	总计
含量	4.819	8.123	3.982	0.904	13.169	0.349	12.069	0.188	32.32	19.101	95.027

8.5.5.4 褐钇铌矿和易解石

褐钇铌矿和易解石含量甚微，褐钇铌矿为复杂成分的稀土与铌的氧化物，偏光显微镜下难以观察，经 MLA 能谱检测其存在。两者均含微量的铌稀土元素（Ce、Gd、Nb、Y、Nd、Dy 等）。主要呈极细小的显微包体与稀土矿物连生或被包含。

8.5.6 稀土元素的赋存状态

8.5.6.1 独立的稀土矿物

据表 8-26 分析结果，稀土元素有 La、Ce、Pr、Nd、Sm、Gd，主要以 La、Ce、Nd 富集，其配分 Ce>La>Nd>Gd。稀土元素主要以独立矿物形式存在，主要有独居石、氟碳铈矿、氟碳钙铈矿及褐帘石（见图 8-8），次有微量的褐钇铌矿、易解石等。La 和 Ce 主要赋存于独居石中，分别占 53.94% 和 57.23%；氟碳铈矿 Ce 占 38.39%、氟碳钙铈矿 Ce 占 1.77%；褐帘石 Ce 约含 2.57%。氟碳酸盐矿物 La 共占 43.65%。

8.5.6.2 分散形式的稀土

正长岩—正长斑岩型矿石中稀土元素种类复杂，相互交代作用普遍发生，导致稀土元素的分离检测难度增大。矿石中除形成以单体或连生体形式的稀土矿物外，另一些呈超显微包体被包嵌于伴生矿物中导致稀土元素的分散。

矿石中主要稀土元素以 La、Ce、Nd 富集，且稀土配分 Ce>La>Nd，一般

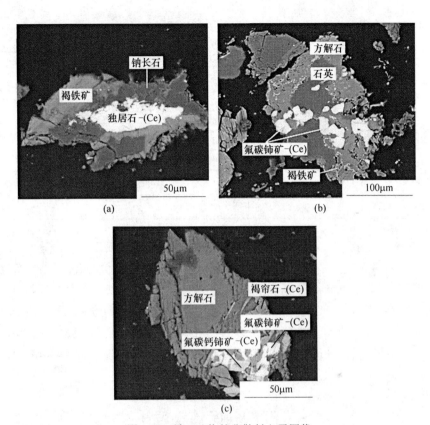

图 8-8 稀土矿物的背散射电子图像

Ce：La：Nd 约为 5：2：1，因此选择 Ce_2O_3 做该矿石类型平衡概算（见表 8-27），确定矿石中稀土元素的集中和分布情况。

表 8-27 原矿中 Ce_2O_3 的赋存状态与平衡概算 （％）

存在状态	矿物	原矿矿物	矿物中的 Ce_2O_3	原矿中的 Ce_2O_3	平衡衡算	
					分布	集中
独立矿物	独居石	≤1.5	32.65	0.4897	61.64	61.64
	氟碳铈矿	≤0.5	31.34	0.1567	19.72	81.36
	氟碳钙铈矿	<0.2	28.85	0.0577	7.26	88.62
	褐帘石	0.2	8.12	0.0162	2.04	90.66
	长石	45	0.041	0.0184	2.32	92.98
	方解石	25	0.054	0.0135	1.70	94.68
	铁白云石	8	0.386	0.0308	3.88	98.56

续表 8-27

存在状态	矿物	原矿矿物	矿物中的 Ce_2O_3	原矿中的 Ce_2O_3	平衡衡算	
					分布	集中
伴生矿物	丝云母、白云母	7	0.043	0.0030	0.38	98.94
	石英	3	0.01	0.0003	0.03	98.97
	磷灰石	3	0.24	0.0072	0.91	98.88
	黄铁矿	≥1	0.046	0.0004	0.05	99.93
	磁黄铁矿	≤1	0.06	0.0006	0.07	100
总计		95.4	—	0.7945	100.00	—

从表 8-27 可知，Ce_2O_3 以独立物形式占到 90.66%，而以分散状态形式存在的占 9.34%。Ce 主要呈稀土矿物形式存在，形成独居石、氟碳酸盐和褐帘石等独立矿物，而呈分散状态多散布于方解石、铁白云石、磷灰石等伴生矿物中。铁白云石及方解石含 Ce 相对较高，表明稀土矿物与碳酸盐矿物关系密切。稀土元素置换方解石和磷灰石中的钙，在方解石中稀土置换钙的方式为 $RE^{3+} + Na^+ \rightarrow 2Ca^{2+}$；在磷灰石中，当稀土替换钙时，同时由硅替换磷来达到电价补偿。$RE^{3+} + Si^{4+} \rightarrow Ca^{2+} + P^{5+}$。

8.6   湖南独居石型稀土矿

8.6.1   矿石化学成分

矿石的化学多元素分析结果见表 8-28，稀土元素的化学物相分析结果见表 8-29。由表 8-28 和表 8-29 可以看出，稀土是矿石中可供选矿富集回收的主要有益元素，含量 4.04%。为达到富集稀土矿物的目的，需要选矿排除的脉石组分主要是 CaO 和 MgO，次为 BaO 和 SrO，四者合计含量为 43.91%；矿石中稀土元素主要以磷酸盐类矿物的形式存在，分布率达 93.81%，加上碳酸盐类稀土，合计分布率达 98.51%。

表 8-28   矿石的主要元素化学成分   （%）

组分	TREO	BaO	MgO	CaO	SrO	FeO	Fe_2O_3
含量	4.04	7.39	11.70	22.40	2.61	1.78	2.69
组分	SiO_2	C	P	S	MnO	Na_2O	烧失
含量	3.30	7.46	1.88	3.26	0.61	0.14	28.31

表 8-29 矿石中稀土元素的化学物相分析结果 （%）

物相	碳酸盐中的 REO	磷酸盐中的 REO	其他	合计
含量	0.19	3.79	0.06	4.04
分布率	4.70	93.81	1.49	100.00

8.6.2 矿物组成及含量

综合研究查明，矿石中稀土矿物主要是独居石，次为极少量的磷钇矿、氟碳铈矿、氟碳钙铈矿、碳锶铈矿、羟硅钙铈矿和钛钙铈矿等；稀有金属矿物为铌铁矿，但含量较低；铁矿物主要为褐铁矿；脉石矿物以白云石居多，次为重晶石和磷灰石，其他微量矿物还有赤铁矿、水赤铁矿、铁质浸染物、黄铁矿、镍黄铁矿、黄铜矿、方铅矿、石英、长石、绿泥石、方解石、金红石、天青石和萤石等。采用 MLA 对矿石中主要矿物含量进行了统计，结果列于表 8-30。

表 8-30 矿石中主要矿物的含量 （%）

矿物	独居石	磷钇矿	氟碳铈矿	氟碳钙铈矿	碳锶铈矿	羟硅钙铈矿	钛钙铈矿	铌铁矿
含量	7.46	0.02	0.04	0.05	0.05	0.04	0.02	0.03
矿物	铁矿物	金属硫化物	石英长石	白云石方解石	重晶石	磷灰石	天青石	其他
含量	2.19	0.37	4.51	61.93	13.14	6.92	1.23	2.00

8.6.3 主要矿物的产出形式

8.6.3.1 独居石

选矿富集回收稀土中最主要的目的矿物，晶体形态较为规则多呈自形、半自形微细粒状或板柱状，晶体粒度普遍小于 0.005mm。常呈不规则状以稀疏至星散浸染状的形式沿褐铁矿、白云石、方解石、磷灰石、重晶石、天青石、金红石及绿泥石等粒间或边缘分布（见图 8-9~图 8-11），比较而言，与白云石、磷灰石、重晶石的关系最为密切，集合体粒度个别粗者可至 0.08mm 左右，一般为 0.01~0.05mm 之间。

扫描电镜能谱微区成分分析结果显示，矿石中独居石的稀土元素种类较为简单，主要是 La 和 Ce，次为 Pr 和 Nd，平均含 La_2O_3 30.35%、Ce_2O_3 35.27%、Pr_2O_3 2.82%、Nd_2O_3 4.92% 和 P_2O_5 26.64%。

8.6.3.2 磷钇矿

含量较低，多呈微细的短柱状或粒状零星散布在白云石、磷灰石等脉石矿物中，而且在其出现的部位，常有独居石分布，粒度一般小于 0.01mm（见图 8-12）。扫描电镜能谱微区成分分析表明，矿石中磷钇矿的阳离子除 Y 以外，

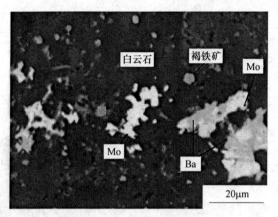

图 8-9　与重晶石（Ba）紧密镶嵌的微粒独居石（Mo）
呈浸染状嵌布的背散射电子像

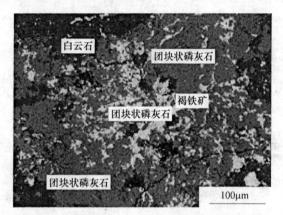

图 8-10　微粒独居石（白色）呈局部较为富集的
浸染状嵌布的背散射电子像

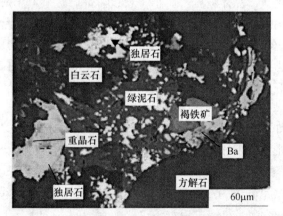

图 8-11　独居石（Mo）或散布于绿泥石（Ch）中
或沿绿泥石边缘分布的背散射电子像

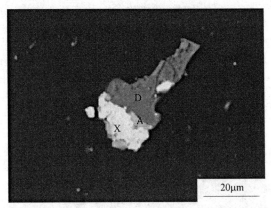

图8-12 不规则粒状磷钇矿（X）与磷灰石（A）、白云石（D）交生

同时还普遍含有 Gd、Dy 和 Er，其他混入的元素主要是 Th、Si 和 Ca，平均含 Y_2O_3 35.05%、Gd_2O_3 3.59%、Dy_2O_3 16.78%、Er_2O_3 3.56%、ThO_2 6.41%、CaO 2.17%、SiO_2 3.50%和 P_2O_5 26.64%。

8.6.3.3 碳酸盐稀土矿物

碳酸盐稀土矿物包括氟碳铈矿和氟碳钙铈矿，含量均较低，产出形式基本相同，主要沿白云石、天青石、磷灰石和石英等粒间、边缘及裂隙分布，与交生矿物之间的接触界线相对较为规则平直，粒度一般 0.005~0.05mm（见图8-13）。扫描电镜能谱微区成分分析结果显示，矿石中氟碳铈矿平均含 La_2O_3 27.91%、Ce_2O_3 39.85%、Nd_2O_3 7.62%和 F 4.45%；氟碳钙铈矿平均含 La_2O_3 27.07%、Ce_2O_3 32.55%、Nd_2O_3 5.54%、CaO 6.23%和 F 4.03%。

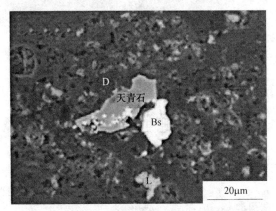

图8-13 半自形微粒状氟碳铈矿（Bs）零星嵌布在
白云石（D）中的背散射电子图像

8.6.3.4 其他稀土矿物

矿石中其他稀土矿物如碳锶铈矿、羟硅钙铈矿和钛钙铈矿等均偶尔见及，且

产出规律大致相同，主要呈微细粒零星散布在脉石中，粒度一般 0.01～0.03mm（见图 8-14）。

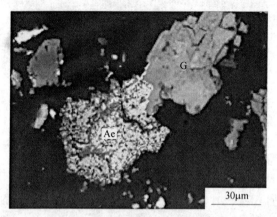

图 8-14　半自形细粒钛钙铈矿（Ae）与脉石（G）连生

铌铁矿仅个别矿块中偶尔见及，主要呈微细粒零星散布在脉石中，粒度普遍小于 0.005mm。扫描电镜能谱微区成分分析结果显示，矿石中铌铁矿平均含 Nb_2O_5 75.21%、Ta_2O_5 2.32%、FeO 17.65%、MnO 3.89%、TiO_2 0.93%。褐铁矿是矿石中最主要的铁矿物，主要呈粒状或星点状以稀疏浸染状的形式嵌布在脉石中，部分因脱水作用而过渡为水赤铁矿，局部可聚合成团块状或细脉状集合体，粒度 0.01～0.05mm（见图 8-15）。

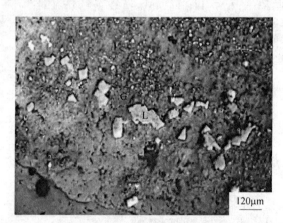

图 8-15　形态较规则的微细粒褐铁矿（L）呈断续延伸的
细脉浸染状嵌布在脉石（G）中反光

8.6.3.5　脉石矿物

矿石中脉石矿物主要是白云石，次为重晶石和磷灰石。其中白云石常紧密镶嵌构成致密状集合体，沿边缘、粒间、裂隙常见微细的稀土矿物充填；重晶石常呈板柱状散布在白云石、方解石、萤石等多种脉石矿物粒间；磷灰石多为柱粒状沿粒间或裂隙常见稀土矿物、白云石或方解石等分布（见图8-16）。

120μm

图8-16　白云石（D）粒间充填粒状磷灰石（A）正交偏光

8.6.4　稀土矿物的嵌布粒度

矿石中主要目的矿物的粒度组成及其分布特点对确定磨矿细度和制定合理的选矿工艺流程有着直接的影响。为此采用MLA对矿石中稀土矿物（包括独居石、磷钇矿、氟碳铈矿、氟碳铈钙矿、碳锶铈矿、羟硅钙铈矿和钛钙铈矿）的嵌布粒度进行了统计，结果见表8-31。

表8-31　稀土矿物的嵌布粒度

粒级/μm	150~75	75~38	38~18	18~10	10~0
分布率/%	9.31	36.32	31.64	29.31	7.26

由表8-31可以看出，矿石中稀土矿物属典型微细粒、微粒嵌布的范畴，其中小于0.038mm部分高达68.21%。

8.6.5　稀土矿物的解离分析

采用MLA对磨矿细度为0.074mm以下的含量占95%的稀土矿物进行解离分析（见表8-32和表8-33），由分析数据可知样品中稀土矿物的解离度较低，仅为31.39%；而未解离的稀土矿物则主要与方解石、白云石、重晶石、天青石或磷灰石等连生，合计分布率高达95.48%。

表8-32　样品中稀土矿物的解离度　　　　　　　　　（%）

单体	连生体			
	>3/4	3/4~1/2	1/2~1/4	<1/4
31.5	13.8	18.0	20.6	16.1

表 8-33　样品中稀土矿物连生体与嵌连矿物的分布比例　　　　（%）

连生矿物	含量	分布率	连生矿物	含量	分布率
白云石、方解石	20.2	29.49	石英、长石	1.6	2.33
重晶石、天青石	21.0	30.66	褐铁矿	0.4	0.58
磷灰石	24.2	35.33	其他	1.0	1.46
萤石	0.1	0.15	合计	68.5	100.00

8.7　云南稀土矿石

云南省已探明稀土矿产资源产地有 6 处，主要分布在陇川、勐海和金平 3 县，探明稀土资源储量 57790t，保有资源储量 56541t。在已探明储量中，独居石、磷钇矿、褐钇铌矿砂矿 45728t，风化离子吸附型稀土矿 12062t，分别占查明储量的 79.13% 和 20.87%。云南核工业二〇九地质大队在滇中地区发现了一个超大型稀土金属风化壳型矿床，属于国内罕见的稀土资源类型，其特点为储量大、正长岩风化壳厚度大、连续性好，其中镧、铈、镨、钕等稀土元素含量较高，且镓、铌等稀散元素也有富集，既不属于内蒙古白云鄂博和山东微山等以氟碳铈矿为主的稀土矿物单一、矿石易选易炼的轻稀土矿资源，也不属于江西、广东、福建等地重稀土含量高的离子吸附型稀土矿资源，又不同于贵州和云南滇池地区的磷灰石轻稀土矿，而是碱性正长岩风化后形成的以镧、铈、镨和钕为主的风化壳轻稀土矿资源，独立矿物中稀土的分配量略低于离子吸附型稀土矿，且在 1000m 以上较高海拔地区存在离子型稀土成矿现象，这在国内外没有先例，具有极高的开发利用和科学研究价值。本研究旨在查明该矿的稀土工艺矿物学性质，以期为后续的工艺研究提供理论指导。

8.7.1　矿石成分分析

矿石主要化学成分分析结果见表 8-34，主要矿物组成见表 8-35。

表 8-34　矿石主要化学成分分析结果　　　　（%）

成分	SiO_2	Al_2O_3	K_2O	Fe	MgO	Ti	Na_2O	Mn
含量	55.51	28.98	5.21	5.03	0.32	0.28	0.25	0.17
成分	Zr	CaO	Pb	P	S	Au	Nb	Ga
含量	0.11	0.08	0.04	0.03	0.02	<0.05	0.022	0.005
成分	稀土总量	Y	La	Ce	Pr	Nd	Sm	Eu
含量	0.2080	0.0043	0.1020	0.0289	0.0147	0.0377	0.0039	0.0043

成分	Gd	Tb	Dy	Ho	Er	Tm	Yb	Lu
含量	0.0090	0.0002	0.0013	0.0002	0.0007	0.0001	0.0006	0.0001

注：Au 的含量单位为 g/t。

由表 8-34 可知，矿石化学成分以 SiO_2 和 Al_2O_3 为主，占 84.49%，其次为 K_2O 和 Fe，占 10.24%，其他成分含量较低。矿石中稀土总量为 0.2080%，轻稀土含量为 0.1915%，占稀土总量的 92.07%，重稀土含量为 0.0165%，占稀土总量的 7.93%。

表 8-35 矿石主要矿物组成 （%）

矿物	高岭石	正长石	云母	石英	含钛磁铁矿	赤铁矿	角闪石
含量	48.81	23.27	20.12	2.76	1.25	0.52	0.30
矿物	水锆石	钛铁矿	绿泥石	褐铁矿	独居石	氟碳铈矿	其他
含量	0.30	0.28	0.25	0.21	0.058	0.045	1.805

由表 8-35 可知，矿石中的稀土矿物以氟碳铈矿与独居石为主，进一步的分析表明，另一部分稀土以离子相的形式吸附在以高岭石为主的黏土中；矿石中的脉石矿物主要为高岭石、正长石和云母，石英等少量。

8.7.2 矿石的结构构造

8.7.2.1 矿石的构造

矿石的主要构造有松散块状和土状、粉末状构造。多数矿石中矿物的分布无定向性，但孔隙率高，原岩已风化为形似未固结的松散矿石碎屑，构成矿石的松散块状构造；部分原生矿石风化为疏松的土状或粉末状次生矿物集合体。另有少数金属矿物呈星点状、短小脉状或不规则状分布于脉石矿物中，构成矿石的星散浸染状构造和稀疏浸染状构造。

8.7.2.2 矿石的结构

矿石的主要结构有变余斑状结构、显微鳞片变晶结构和碎裂、碎斑结构。变余斑状结构如图 8-17 所示。原岩中斑晶或原岩经动力变质作用后斑晶碎裂形成的碎斑，再经风化作用，斑晶（或碎斑）已部分或全部蚀变成云母、高岭石，基质多数蚀变为铁泥质，但云母、高岭石集合体仍保留原岩中斑晶（或碎斑）的外形。

显微鳞片变晶结构如图 8-18 所示。部分矿石风化较为严重，高岭石、云母等矿物呈显微鳞片变晶集合体产出，高岭石、云母之间夹杂有部分铁泥质及少量石英颗粒。

0.5mm

图 8-17　变余斑状结构

0.3mm

图 8-18　显微鳞片变晶结构

碎裂、碎斑结构如图 8-19 和图 8-20 所示。原岩受动力变质作用影响，晶粒粗大的长石晶体表面裂隙发育，部分长石颗粒具有不规则的撕碎边缘、波状消光及边缘粒化现象，基质成分为铁泥质。

0.5mm

图 8-19　碎裂结构

0.5mm

图 8-20 碎斑结构

8.7.3 主要矿物的嵌布特征

8.7.3.1 稀土矿物

矿石中的稀土矿物总量（全相品位）为 0.208%，矿物相品位为 0.103%，离子相品位为 0.105%，其中镧、铈、镨、钕等 4 种稀土元素含量之和为 0.1833%，约占总量的 90%，这 4 种稀土元素一部分以独立矿物形式赋存在独居石、氟碳铈矿类矿物中，另一部分以离子相形式吸附在以高岭石为主的黏土矿物中，其他少量。独居石常充填于高岭石、云母间隙中，或与高岭石、云母、正长石连生，如图 8-21 所示，粒度在 0.01~0.1mm。在小于 0.15mm 粒级的矿石中，氟碳铈矿多为解离的单体，如图 8-22 所示，粒度在 0.05~0.1mm，少数与高岭石连生。

褐铁矿

锆石

锆石 独居石

高岭石

0.1mm

图 8-21 独居石充填于高岭石与云母间隙中

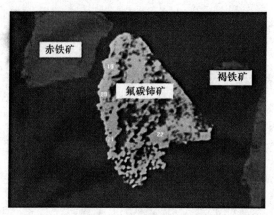

图 8-22   氟碳铈矿单体

8.7.3.2 脉石矿物

脉石矿物包括：

（1）高岭石。高岭石多为细鳞片状细小晶体组成的多晶集合体，部分多晶集合体保留正长石的外观轮廓，常与蚀变正长石、绢云母连生，多晶集合体中往往混杂有细鳞片状-显微鳞片状云母，高岭石多晶集合体粒度为 0.05~1mm，如图 8-23 和图 8-24 所示。经电子探针检测分析，高岭石平均含镧 0.0503%、铈 0.0085%、镨 0.0072%、钕 0.0187%。

图 8-23   高岭石微晶集合体与正长石连生

（2）云母。白云母与绢云母为同一矿物，但在矿石中白云母多为板、片状，常与正长石连生，由原岩中黑云母或其他暗色矿物蚀变而成，粒度在 0.01~0.2mm；绢云母多为显微鳞片状，常与高岭石混杂分布，多由原岩中霞石、正长石类矿物蚀变而成，粒度在 0.003~0.01mm，如图 8-25 和图 8-26 所示。经电子探针检测分析，云母平均含铈 0.0037%。

图 8-24　高岭石与绢云母混杂连生

图 8-25　白云母与正长石连生

图 8-26　绢云母微晶集合体夹杂少量高岭石

（3）正长石。多数呈浅黄至灰白色，半透明至不透明，受蚀变影响，光泽暗淡，呈半自形至自形板柱状晶体，与高岭石、白云母等连生，粒度在 0.05～1.2mm，如图 8-27 和图 8-28 所示。经电子探针检测分析，正长石平均含铈 0.0024%。

图 8-27　表面较为洁净的正长石自形晶

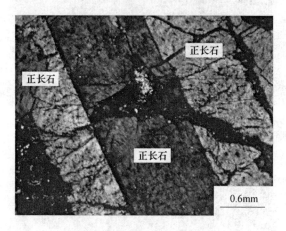

图 8-28　蚀变的正长石自形晶

8.7.4　矿石的价值与可选性分析

工艺矿物学研究表明，该稀土矿石矿物成分复杂，各矿物间共生关系极为密切。独居石、氟碳铈矿等矿物相稀土矿物含量较低，回收价值不大；矿石中的稀土矿物总量（全相品位）为 0.208%，离子相品位为 0.105%，依据目前实行的《DZ/T 0204—2002 稀土矿产地质勘查规范》，该地区的离子型稀土具有开发利用价值，可采用原地注浸工艺回收。

复习思考题

8-1 分析中南部地区稀土矿嵌布粒度、赋存状态的共同点与不同点。

8-2 思考中南部地区稀土矿应该使用哪种分离工艺，为什么？

8-3 试述中南部各个地区矿石的结构构造类型。

8-4 四川氟碳铈矿中矿物的密度、磁性对选矿有什么影响？

南方离子型稀土工艺

矿物学研究实例

风化壳淋积型稀土矿是我国特有的稀土矿种，矿床的特征是稀土元素呈水合或羟基水合阳离子赋存于风化壳黏土矿物上，其空间分布呈规律性变化。矿石的矿物组成比较简单，含重砂很少，主要是由黏土矿物、石英砂和造岩矿物长石等组成。其中黏土矿物含量约占40%～70%，主要有埃洛石、伊利石、高岭石和极少量的蒙脱石。风化壳淋积型稀土矿可被视为一个颗粒无规则、大小不均匀、负载了稀土离子和非稀土杂质离子的交换体，它是一种特殊的无机物交换树脂。风化壳淋积型稀土矿矿石的物理化学性质，可归纳为四个方面：矿石的多水性、吸附稀土离子的稳定性、原矿的缓冲性和吸附离子的可交换性。以往对这四大物理化学性质的研究，特别是对吸附离子的可交换性这一性质的研究，无具体的实验方法；采用浓度为2.5%的氯化铵和硫酸铵以质量比为7∶3的复合浸取剂对稀土在各粒级上的含量的测定，仍无文献报道。

9.1 实　　验

9.1.1 实验材料

实验材料主要包括：氯化铵、硫酸铵、乙二胺四乙酸二钠、抗坏血酸、磺基水杨酸、二甲酚橙、六次甲基四胺、盐酸、氨水、酚酞、甲基红、氢氧化钠、甲醛、邻苯二甲酸氢钾、氯化钠、乙酸铵、冰乙酸、铝试剂、硫酸、十二水硫酸铝钾、对硝基酚（化学纯）。

江西定南县稀土矿主要由石英、钾长石、斜长石、高岭石、白云母等组成。原矿中约90%的稀土呈现离子状态吸附于高岭石和白云母中。

9.1.2 实验仪器

STA-409PC型热重分析仪、TDL-5-A型低速大容量离心机、SP-3530AA型原子吸收分光光度计、控速淋浸装置（自制）、内径50mm玻璃交换柱、DELA 320 pH计、UV-2450型紫外分光光度计、DZF-6020型真空干燥箱、HS2060A型超声波清洗器。

9.1.3 分析方法

用 STA-409PC 型热重分析仪对江西定南县稀土矿进行热重分析；稀土矿中稀土含量采用 EDTA 容量法分析；铝含量测定：铝在 pH 值为 6.3 的溶液中，与铝试剂生成红色络合物，再采用紫外分光光度法测定；非稀土杂质如钾、锰、钙、镁、锌、铅、铜等采用原子吸收分光光度法测定；铵盐含量用甲醛容量法测定。

9.2 结果与讨论

9.2.1 矿石的多水性

风化壳淋积型稀土矿中的埃洛石、高岭石和伊利石等黏土矿物含有吸附水、层间水和结构水，在加热过程中发生的主要失水反应如下：

反应1：$Al_4[Si_4O_{10}](OH)_8 \cdot 4H_2O \Longrightarrow Al_4[Si_4O_{10}](OH)_8 + 4H_2O$

反应2：$\quad\quad Al_4[Si_4O_{10}](OH)_8 \Longrightarrow Al_4Si_4O_{14} + 4H_2O$

反应3：$\quad\quad Al_2[Si_4O_{10}](OH)_2 \Longrightarrow Al_2O_3 \cdot Si_4O_8 + H_2O$

图 9-1 所示为升温速率 10℃/min，在 N_2 气氛下的 TG 曲线图，测试温度为 40~1000℃。

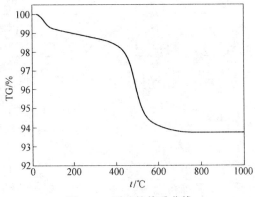

图 9-1 原矿的热重曲线

由图 9-1 可见，TG 曲线有 3 个失重状态：第一次为 40~150℃，质量损失约为 0.90%，失去的为全部吸附水和部分层间水，失去部分层间水的方程式对应于上述反应 1，在 150℃左右吸水完全失去；第二次为 150~350℃，质量损失约为 0.52%，失去的为层间水和结构水，该过程失水方程式对应于上述反应 1 和反应 2，从导数曲线上得知，在 200℃左右有一失重峰，层间水的失水速率最大；第三次为 350~700℃，质量损失约为 4.77%，为一明显的失重状态，失去的为结构水，失水方程式对应于上述反应 3。

9.2.2 吸附稀土离子的稳定性

稀土离子是一种电荷高、半径小的阳离子，电荷半径比很大，极容易水解，但吸附在黏土矿物上的稀土离子具有一定的稳定性。

取烘干后的 500g 原矿，按液固比为 0.5∶1，在内径 50mm 的玻璃交换柱中用 pH 值为 7 的纯水以一定流速进行淋洗实验，测得收集的浸出液中的稀土离子浓度为零；再往柱中加入 2.5% 的 $(NH_4)_2SO_4$ 溶液 250mL，以同一流速进行淋洗实验，测得收集的浸出液中的稀土离子浓度为 4.878×10^{-3} mol/L。这表明吸附在黏土矿物上的稀土离子没有水解形成氢氧化稀土，也表明吸附在黏土矿物上的水合羟基离子在水中既不溶解也不水解，具有极强的化学稳定性。

9.2.3 原矿的缓冲性

用四分法称取 8 份 15g，于 105℃ 真空干燥箱烘干过的原矿，按液固比 1∶1，用质量分数为 2.5% 的 $(NH_4)_2SO_4$ 溶液作浸取剂在不同 pH 值条件下浸泡，超声 20min 后静置过夜，用离心机分离浸出液经处理后，用 pH 计测得浸出液的 pH 值（见表 9-1）。

表 9-1 浸取剂 pH 值对浸出液 pH 值的影响

浸取剂 pH 值	2	3	4	5	6	7	8	9
液固比（体积）				1∶1				
浸出液 pH 值	2.89	4.40	4.48	4.80	4.82	4.83	4.93	8.24

由表 9-1 可知，用 pH=3~8 的浸取剂浸泡原矿，得到的浸出液 pH 值为 4.40~4.93，随着浸取剂 pH 值的升高，浸出液 pH 值也相应升高，但浸出液 pH 值变化范围不大，表观原矿对酸碱具有一定的缓冲能力；而用 pH=2 及 pH=9 的浸取剂浸泡原矿，得到的浸出液 pH 值分别为 2.89 和 8.24，不在 4.40~4.93 区间范围内，这是因为在过酸或过碱的环境下已经超出了原矿的缓冲能力。

原矿的缓冲能力可从原矿结构上得到解释，黏土矿物的结构表面有很多的—OH 或—O⁻ 结构基团。这些基团的特点是，遇碱时，—OH 结构基团可释放出 H⁺；遇酸时，黏土矿物表面上的—O⁻ 结构基团可接受 H⁺。这表明黏土矿物在一定程度上具有抗碱和抗酸的能力，即原矿具有一定的酸碱缓冲能力，使浸出液的 pH 值稳定在一定的变化范围内。

9.2.4 吸附离子的可交换性

风化壳淋积型稀土矿不但含有离子相稀土，还含有离子相金属杂质，也能随稀土一起被浸出，其反应方程式如下：

$$\left[Al_2Si_2O_5(OH)_4\right]_m \cdot RE^{3+}(s) + 3NH_4^+(aq) \Longrightarrow \left[Al_2Si_2O_5(OH)_4\right]_m \cdot 3NH_4^+(s) + RE^{3+}(aq)$$

$$\left[Al_2Si_2O_5(OH)_4\right]_m \cdot M^{n+}(s) + nNH_4^+(aq) \Longrightarrow \left[Al_2Si_2O_5(OH)_4\right]_m \cdot nNH_4^+(s) + M^{n+}(aq)$$

反应方程式中，M 表示杂质离子，如 Al^{3+}、Ca^{2+}、Mg^{2+}、K^+、Mn^{2+} 等离子；n 表示杂质离子的价态。

在室温下（25℃），取烘干的矿样 500g 装入玻璃交换柱中，人工压紧，按淋洗液固比 0.5∶1，采用 2.5% 的 $(NH_4)_2SO_4$ 作浸取剂进行淋洗实验，待料石露出时再按 0.24∶1 的液固比加尾洗水；待上表层料石露出后，再加 4% 的 NaCl 溶液 200mL；待淋出液不再流出后，用 500mL 纯水浸泡矿渣，离心后取上层清液。取以上收集的 4 份浸矿后的溶液，分析其中的稀土、杂质离子及铵盐的含量，表 9-2 所列为浸矿后溶液中稀土及非稀土杂质组成。

表 9-2　浸矿后溶液中稀土及非稀土杂质组成

元　素	RE^{3+}	Al^{3+}	K^+	Mn^{2+}	Ca^{2+}
浸出液含量/mol·L^{-1}	4.88×10^{-3}	1.13×10^{-3}	3.83×10^{-4}	2.24×10^{-4}	4.67×10^{-4}
加 120mL，尾洗水后的尾液含量 /mol·L^{-1}	4.97×10^{-4}	1.65×10^{-4}	2.34×10^{-4}	9.67×10^{-5}	1.47×10^{-4}
加 NaCl 后的尾液含量 /mol·L^{-1}	1.01×10^{-4}	2.91×10^{-5}	1.37×10^{-4}	5.39×10^{-5}	1.56×10^{-4}
加 500mL 纯水后的上层清液含量 /mol·L^{-1}	1.23×10^{-5}	未检出	2.11×10^{-5}	未检出	1.44×10^{-4}
元　素	Mg^{2+}	Zn^{2+}	Cu^{2+}	Pb^{2+}	
浸出液含量/mol·L^{-1}	3.85×10^{-4}	4.13×10^{-4}	1.79×10^{-5}	2.65×10^{-6}	
加 120mL，尾洗水后的尾液含量 /mol·L^{-1}	1.37×10^{-4}	1.25×10^{-4}	未检出	未检出	
加 NaCl 后的尾液含量 /mol·L^{-1}	1.15×10^{-4}	4.05×10^{-5}	未检出	未检出	
加 500mL 纯水后的上层清液含量 /mol·L^{-1}	7.45×10^{-5}	未检出	未检出	未检出	

由表 9-2 可知，随着浸矿溶液的不断加入，收集液中稀土及杂质离子的含量不断减小。浸矿后溶液中稀土及杂质离子含量大小为：$RE^{3+}>Al^{3+}>Ca^{2+}>K^+>Mg^{2+}>Zn^{2+}>Mn^{2+}>Cu^{2+}>Pb^{2+}$。含量越高，表明可交换性阳离子数量越多，黏土矿物对其吸附能力越大。风化壳淋积型稀土矿中可交换性阳离子主要是 RE^{3+} 和 Al^{3+}，其次为 Ca^{2+}、K^+、Mg^{2+}、Zn^{2+} 等，这说明黏土矿物吸附活性中心主要被选择系数较大的稀土离子和铝离子占据，其他离子所占比例很小，这是由于黏土矿物对稀土离子和铝离子吸附能力强。吸附能力越大，表明吸附选择性越大。可见，在浸取稀土的同时控制非稀土杂质的含量，有助于提高浸出液的质量。

表9-3 所列为稀土及铵盐在浸取过程中的分布情况。加入 25g/L 的 $(NH_4)_2SO_4$ 作浸取剂，铵根离子与矿石中的稀土离子及杂质离子进行交换，将稀土离子和杂质离子淋洗下来；加入 120mL 尾洗水的目的是将未参与交换反应的硫酸铵淋洗下来，同时将已被交换下来吸附在矿石表面或空隙中，但还没来得及进入流动相中的稀土离子和杂质离子淋洗下来；加入 NaCl 溶液，一方面可将残留在矿中未参与交换反应的铵根离子淋洗下来，另一方面可将参与交换反应的铵根离子淋洗下来，这是因为铵离子半径大于钠离子半径，而价数相同、离子半径越大的阳离子被交换的可能性越大，因此参与交换反应的铵离子能被钠离子交换下来；最后用 500mL 纯水浸泡矿渣，离心后取上层清液分析其中的各离子含量，此时各离子含量极少或接近于零。由表9-3可看出，浸矿后的溶液中硫酸铵量占投入总量的99.95%，残留在尾矿中的占0.05%，含量极少，这表明尾矿中几乎无残留的硫酸铵，这部分铵根离子可能吸附在矿石表面或孔隙中，也可能残留在固相中。由此可见，浸取过程中硫酸铵加入量较大，而实际参加交换反应的量却很少。因此，进一步完善风化壳淋积型稀土矿的浸矿工艺，降低浸取过程中药剂耗量，降低成本等是今后应努力的方向。

表9-3　稀土及铵盐在浸取过程中的分布情况

溶液名称	浸取剂	尾洗水	NaCl	纯水	浸出液	加 120mL 尾洗水后的尾液	加 NaCl 后的尾液	加 500mL 纯水后的上层清液
体积/mL	250.00	120.00	20.00	500.00	96.90	109.75	188.50	500.00
$RE^{3+}/mol \cdot L^{-1}$	0	0	0	0	4.88×10^{-3}	4.97×10^{-4}	1.01×10^{-4}	1.27×10^{-5}
$(NH_4)_2SO_4/g$	6.250	0	0	0	2.104	2.549	1.486	0.108
占硫酸铵投入总量/%	100.00	0	0	0	33.67	40.78	23.77	1.73

9.2.5　稀土在各粒级上的含量

用四分法称取经真空干燥箱烘干过的稀土原矿 500g，筛分为 5 个自然粒级，表9-4 所列为稀土矿各粒级所占比例（质量分数）。

表9-4　稀土矿各粒级所占比例（质量分数）

粒级/mm	>0.85	0.85~0.25	0.25~0.15	0.15~0.106	<0.106
质量/g	146.9556	148.2537	70.3881	33.9496	100.4530
质量分数/%	29.39	29.65	14.08	6.79	20.09

取一定量烘干后的各粒级原矿，在室温下（25℃），装入内径 50mm 玻璃交换柱中，人工压紧，按淋洗液固比 0.5∶1，用浓度为 2.5% 的氯化铵和硫酸铵以

质量比为 7:3 的混合铵盐作浸取剂，以同一流速分别进行淋洗实验，表 9-5 所列为稀土矿各粒级淋洗实验结果。

表 9-5　稀土矿各粒级淋洗实验结果

粒级/mm	>0.85	0.85~0.25	0.25~0.15	0.15~0.106	<0.106
取样量/g	400	400	400	400	400
质量分数/%	41.41	26.10	14.77	4.22	13.50
淋出液 REO 质量/mg	141.48	238.04	520.74	822.11	1193.62
REO 的含量/%	14.89	15.79	19.55	8.82	40.95

从表 9-5 可知，矿石粒度对稀土浸出率影响较大，稀土浸出率随矿石粒径的增加而降低。各粒级的稀土含量有所差别，粒级越细 REO 的质量分数越高，几乎 41% 的稀土赋存于质量分数为 13.50% 的 0.106mm（140 目）以下粒级中。这是因为粒级越细，黏土矿物的含量越高，比表面积越大，吸附活性中心就越多，吸附的稀土离子越多。

复习思考题

9-1　简述风化壳淋积型稀土矿的物理化学性质。

9-2　风化壳淋积型稀土矿矿石的回收工艺有什么特性？

9-3　为什么要对风化壳淋积型稀土矿矿石进行加热，矿石的多水性对矿物的回收有什么影响？

国外稀土及伴生稀土工艺

矿物学研究实例

10.1　加拿大稀土矿

稀土矿样主要来自加拿大某地区稀土矿，借助矿物解离度分析仪 MLA、XRD、XRF 和 SEM 技术进行工艺矿物学研究，分析稀土矿石中稀土矿物的赋存状态、嵌布粒度、嵌布关系及粒度分布，其他有价元素的赋存状态及脉石矿物的种类和含量。

10.1.1　材料与方法

10.1.1.1　样品原料及试剂

稀土矿来源于加拿大某地区，已预先粉碎成 4mm 以下稀土矿粉。环氧树脂（C105-B）、固化剂（C205-B）、石墨（G67500）、抛光液（C40-6633）均为分析纯，购自加拿大 Fisher Scientific 公司。

10.1.1.2　实验仪器及方法

仪器：250 型自动矿物解离度分析仪（mineral liberation analyser，MLA）购于澳大利亚的 FEI 公司；S4-Explorer 型的 X-Ray Fluorescence spectroscopy（XRF）购于加拿大 EDAX 公司；S60AAW-6118 型的球磨机购于美国 LOUIS 公司；METPOL 2V 抛光机购于加拿大的 MetLab 公司。

方法：取 10g 的稀土矿样放入球磨机湿磨 75s，经过滤、干燥，取 1.0g 干燥的矿粉加入混合有一定量的环氧树脂和固化剂的塑料模子，经混合、冷却、凝固 24h，制得树脂样品。设定抛光机的抛光强度为 30N，转速为 200r/min，对树脂样品表面进行抛光处理，先采用 800 目的磨砂纸和水进行抛光样品，再依次采用 9μm、3μm 和 0.5μm 的抛光液进行抛光，抛光后的树脂样品进行清洗、吹干、覆炭，最后采用 MLA 进行分析。

10.1.2　结果与讨论

10.1.2.1　稀土矿石成分分析

将研磨后的稀土矿粉用 XRF 分析，可知该稀土矿主要含有铁、钡、钛、镧、铈、钙和镁等元素，结果见表 10-1。

表 10-1　矿石主要化学元素分析结果　　　（%）

元素	Ce	La	Sr	Fe	Al	Ba	Mg	Mn	Ca	Si	Ti	S	K	Nb
质量分数	1.31	1.3	1.77	49.70	0.56	4.2	2.92	5.83	26.97	2.92	0.42	0.3	1.75	0.05

10.1.2.2　矿石中主要矿物组成

加拿大稀土矿物主要物相为氟碳铈矿、针铁矿、菱锶矿和铁白云石。结合 MLA 模拟工艺矿物学检测结果（见表10-2），可以看出加拿大的稀土原矿中所含的稀土矿物主要是氟碳铈矿和独居石，其他的有用矿物为菱锶矿、闪锌矿、磷灰石、钛铁矿、黄铁矿和针铁矿，这些有价矿物可以在回收稀土时综合利用，脉石矿物是铁白云石、黑云母、铁辉石、烧绿石、钛闪石和方解石等。

表 10-2　原矿 MLA 矿物定量检测结果（质量分数）　　　（%）

矿物种类	氟碳铈矿	独居石	铁白云石	针铁矿	黑云母	菱锶矿	铁辉石	其他
质量分数	8.33	0.01	57.57	25.74	3.53	3.21	0.62	0.99

10.1.2.3　稀土矿的嵌布特征

由 MLA 分析测试得到，氟碳铈矿是矿物中最主要的含稀土元素的矿物，主要与铁白云石相互穿插形成密切的嵌布关系。有时可见细粒的氟碳铈矿嵌布在粗粒的铁白云石中，在氟碳铈矿颗粒间及裂隙中能看到针铁矿、菱锶矿、黑云母和铁辉石等矿物成片状、条状、不规则状嵌布。独居石与氟碳铈矿的嵌布关系比较密切，多分布在氟碳铈矿颗粒间及裂缝中，主要与菱锶矿和铁辉石等矿物嵌布在一起，如图 10-1 所示。

(a)

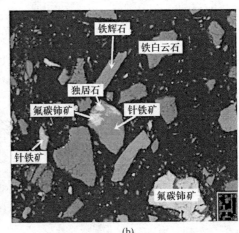

(b)

图 10-1　稀土矿物的嵌布特征

10.1.2.4   主要矿物的嵌布粒度

由 MLA 分析测试得到, 该矿石中主要金属矿物氟碳铈矿、独居石、针铁矿和菱锶矿嵌布粒度情况见表 10-3 和图 10-2。对选矿而言, 粒度大于 10μm 的矿物颗粒容易被回收, 介于 5~10μm 时较难被回收, 粒度小于 5μm 时极难回收。由表 10-3 和图 10-2 的结果可知: 氟碳铈矿有 90.98% 分布于粒度大于 9.6μm 的易选粒级范围, 7.82% 分布于 5~9.6μm 的较难选粒级范围, 1.20% 分布于粒度小于 5μm 的极难选粒级范围。针铁矿有 96.14% 分布于粒度大于 9.6μm 的易选粒级范围, 3.62% 分布于 5~9.6μm 的较难选粒级范围, 0.24% 分布于粒度小于 5μm 的极难选粒级范围。菱锶矿有 93.86% 分布于粒度大于 9.6μm 的易选粒级范围, 5.67% 分布于 5~9.6μm 的较难选粒级范围, 0.47% 分布于粒度小于 5μm 的极难选粒级范围。独居石有 44.32% 分布于粒度大于 9.6μm 的易选粒级范围, 24.15% 分布于 5~9.6μm 的较难选粒级范围, 8.10% 分布于粒度小于 5μm 的极难选粒级范围。

表 10-3   主要金属矿物的嵌布粒度   (μm)

矿物名称	特征值				
	P_{10}	P_{20}	P_{50}	P_{80}	P_{90}
氟碳铈矿	12.50	26.19	56.23	94.55	108.23
独居石	4.60	6.50	9.30	17.23	18.75
菱锶矿	18.76	43.64	62.42	102.46	122.13
针铁矿	27.50	44.15	75.13	110.51	125.23

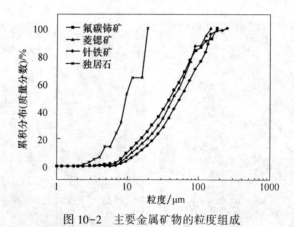

图 10-2   主要金属矿物的粒度组成

10.1.2.5   伴生关系

表 10-4 所列为由 MLA 分析测试得到稀土矿中主要矿物的连生关系的变化情

况。由表 10-4 表明，在稀土原矿石中，氟碳铈矿主要与菱锶矿、脉石矿物铁辉石连生，其次与脉石烧绿石、铁白云石和有用矿物针铁矿连生。独居石主要与氟碳铈矿、菱锶矿和脉石铁辉石连生。菱锶矿主要与氟碳铈矿和独居石连生，其次与脉石矿物铁辉石、脉石烧绿石、脉石铁白云石和针铁矿连生。针铁矿主要与氟碳铈矿和独居石连生，其次与菱锶矿、脉石矿物铁白云石、脉石矿物铁辉石和脉石矿物烧绿石连生。

表 10-4　主要矿物的连生关系（质量分数）　　　　　（%）

连生矿物	主要矿物			
	氟碳铈矿	独居石	菱锶矿	针铁矿
氟碳铈矿	—	0.01	9.96	4.23
独居石	8.43	—	13.29	4.89
菱锶矿	24.47	0.06	—	2.64
针铁矿	1.82	0.00	0.46	—
铁白云石	2.93	0.00	0.48	3.41
铁辉石	17.54	0.27	4.91	2.97
烧绿石	15.19	0.00	0.61	9.41

10.1.2.6　包裹关系

由 MLA 分析测试得到，稀土矿石中的主要矿物的包裹关系见表 10-5 和图 10-3。结果表明，氟碳铈矿主要被铁白云石和菱锶矿包裹，其次被黑云母、针铁矿、钠闪石、铁辉石和烧绿石包裹，并包裹独居石、菱锶矿和针铁矿。独居石主要被氟碳铈矿包裹，其次被黑云母、铁白云石、铁辉石、菱锶矿和针铁矿包裹，并包裹氟碳铈矿、菱锶矿和针铁矿。菱锶矿主要被氟碳铈矿包裹，其次被铁白云石、针铁矿、黑云母、铁辉石和钠闪石包裹，并包裹氟碳铈矿、独居石和针铁矿。针铁矿主要被铁白云石包裹，其次被氟碳铈矿、黑云母、菱锶矿、烧绿石、黄铁矿包裹，并包裹氟碳铈矿、独居石和菱锶矿。

表 10-5　主要矿物的包裹关系（质量分数）　　　　　（%）

共生矿物	氟碳铈矿		独居石		菱锶矿		针铁矿	
	两种矿物共生	三种及以上矿物共生	两种矿物共生	三种及以上矿物共生	两种矿物共生	三种及以上矿物共生	两种矿物共生	三种及以上矿物共生
氟碳铈矿	—	—	0.00	17.23	35.18	10.80	2.89	0.46
独居石	0.00	0.00	—	—	0.00	0.00	0.00	0.00

共生矿物	氟碳铈矿		独居石		菱锶矿		针铁矿	
	两种矿物共生	三种及以上矿物共生	两种矿物共生	三种及以上矿物共生	两种矿物共生	三种及以上矿物共生	两种矿物共生	三种及以上矿物共生
菱锶矿	12.64	4.21	0.92	2.70	—	—	1.05	0.21
针铁矿	3.16	1.86	2.75	1.09	2.61	1.77	—	—
黑云母	6.45	1.42	0.00	14.30	0.96	2.53	2.34	0.51
烧绿石	0.89	0.44	0.00	0.00	0.00	0.08	0.11	0.05
铁白云石	14.94	3.63	0.61	9.65	6.69	3.59	9.79	1.08
黄铁矿	0.06	0.10	0.00	0.00	0.00	0.02	0.03	0.07
钠闪石	2.03	0.00	0.00	0.00	0.20	0.04	0.04	0.00
铁辉石	2.01	1.72	0.00	3.24	0.74	0.25	0.05	0.01

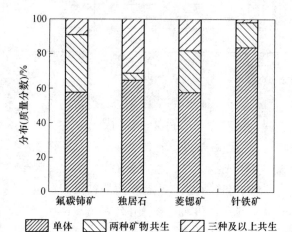

图 10-3　主要目的矿物和有用矿物的包裹特性

10.1.2.7　有价元素及赋存状态

表 10-6 所列为由 MLA 分析测试得到的稀土矿的主要元素 Ce、Fe、La、Nd 和 Sr 在各矿物中的分布情况。由表 10-6 可知，Ce、La 和 Nd 元素主要赋存在氟碳铈矿中，少量的 Ce 及 La 元素赋存在独居石中。Fe 元素赋存在针铁矿中 Fe_2O_3 占 57.76%，其他主要赋存在脉石矿物铁白云石中占 40.08%。极少量的 Fe 元素赋存在黄铁矿、钠闪石和铁辉石中。

表 10-6　稀土矿石样品中元素分布　　　　（%）

伴生矿物	元素（质量分数）				
	Ce	La	Sr	Fe	Nd
氟碳铈矿	99.97	99.95	—	—	100
独居石	0.03	0.05	—	—	—
菱锶矿	—	—	100	—	—
针铁矿	—	—	—	57.76	—
铁白云石	—	—	—	40.08	—
黑云母	—	—	—	1.16	—
烧绿石	—	—	—	—	—
黄铁矿	—	—	—	0.37	—
钠闪石	—	—	—	0.04	—
铁辉石	—	—	—	0.62	—

10.1.2.8　解离度

图 10-4 所示为由 MLA 分析测试得到稀土矿中的各矿物中解离度的关系。由图 10-4 知当磨矿粒度小于 74μm 所占比例为 80% 时，稀土矿中的氟碳铈矿、独居石、针铁矿和菱锶矿的解离度分别为 44.44%、27.71%、81.08% 和 34.52%。

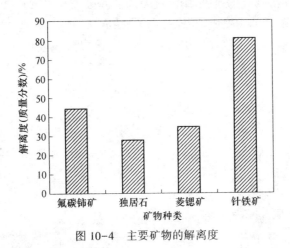

图 10-4　主要矿物的解离度

10.1.3　理论回收率的预测

由于稀土的回收率较低，只达到 50%~60%。因此，根据主要矿物氟碳铈矿、独居石、针铁矿和菱锶矿的嵌布特征，稀土矿中 Ce、La、Nd、FeSr 在各矿物中分布结果和稀土的解离特征，可以得出，氟碳铈矿在 22μm 以上（70.04%）的矿物可以实现单体解离，22~9.6μm 的矿物（50%）部分解离和回收。因此氟碳铈矿预测的理论回收率达到 80.51%（70.04%＋20.94%/2）。独居石在 9.6μm 以上（47.86%）可以实现单体解离和回收，9.6~5μm 的矿物（50%）部分解离和回收，因此独居石预测的理论回收率达到 67.75%（47.86%＋37.77%/2）。菱锶矿在 22μm 以上（76.39%）的矿物可以实现单体解离，22~9.6μm 的矿物（50%）部分解离和回收，因此菱锶矿预测的理论回收率达到 80.76%（76.39%＋8.73%/2）。针铁矿在 22μm 以上（81.79%）的矿物可以实现单体解离，22~9.6μm 的矿物（50%）部分解离和回收，因此针铁矿预测的理论回收率达到 85.38%（81.79%＋7.18%/2）。

10.2　土耳其稀土矿

土耳其 ETI 稀土矿为萤石-重晶石-氟碳铈矿的复合矿床，位于土耳其中西部的 Eskişehir-Beylikova 矿区。该矿主要矿石矿物包括萤石、重晶石及稀土矿物，稀土矿物主要为氟碳铈矿。矿石呈微粒、细粒浸染状构造，矿物嵌布粒度极细，嵌布关系复杂。研究发现，氟碳铈矿嵌布粒度细，大多数在 5μm 以下，充填于萤石和重晶石颗粒间，或与这些矿物紧密共生。采用物理分选工艺仅得到 REO 23.5% 的稀土富集物。矿石呈带状或条纹状结构，根据矿体的矿石岩相特征、物理机械特征和结构特征，不宜采用传统的选别方法来处理该矿样。因此本节从矿物学角度分析该矿样的矿物组成及目的矿物的嵌布特征，查清矿样中稀土、氟和钡等元素的分布情况，为该稀土矿的开发利用提供理论基础。

10.2.1　实验部分

10.2.1.1　实验方法

原料为土耳其 ETI 稀土矿，采用化学成分分析、场发射扫描电镜（FE-SEM 德国蔡司公司 Sigma500）、EDS、XRD（荷兰帕纳科）和矿物参数自动分析系统 AMICS 等分析方法，对矿样的化学成分、矿物组成、矿样中稀土及其他目的矿物的构造、嵌布特征等进行了详细分析。

10.2.1.2　样品性质研究

A　样品多元素分析

实验采用化学分析、ICP-MS 等分析方法，进行矿石多元素分析，结果见表 10-7。由表 10-7 结果可见，矿石化学组成复杂，元素种类多，含量较高的有 CaO、BaO、F、MnO_2，其次是 REO、S、TFe、SiO_2 等，具有高 Th 低 U 的特点。

因此该样品属富钍的稀土、氟、钡、锰多组分共生矿石。

表 10-7　矿石多元素分析　　　　　　　　　　（%）

成分	REO	CaO	BaO	F	MFe	MnO₂	TFe	FeO	SiO₂	Al₂O₃	Na₂O	K₂O	MgO	ThO₂
质量分数	3.12	24.55	20.37	16.34	<0.50	10.28	4.92	<0.50	5.45	1.46	0.14	0.57	0.34	0.18

成分	TiO₂	P	S	Nb₂O₅	C	Cu	Pb	Zn	U	W	Mo	Sr	Cl
质量分数	<0.10	0.18	4.98	0.015	0.39	<0.005	0.060	0.061	0.012	<0.005	0.020	0.20	0.031

B　样品稀土元素配分

采用电感耦合等离子发射光谱法分析矿石稀土元素配分，结果见表 10-8。由稀土配分结果看出，该矿石中稀土元素以铈族轻稀土元素为主，稀土元素中 La_2O_3、CeO_2、Pr_6O_{11}、Nd_2O_3 配分之和为 96.39%，中重稀土元素含量很低，属轻稀土矿石。

表 10-8　矿石稀土元素配分　　　　　　　　　　（%）

稀土元素	La₂O₃	CeO₂	Pr₆O₁₃	Nd₂O₃	Sm₂O₃	Eu₂O₃	Gd₂O₃	Tb₄O₇	Dy₂O₃	Ho₂O₃	Er₂O₃	Tm₂O₃	Yb₂O₃	Lu₂O₃	Y₂O₃
稀土分布	36.31	48.18	3.54	8.36	0.73	0.21	<0.10	<0.10	<0.10	<0.10	<0.10	<0.10	<0.10	<0.10	1.94

C　矿石矿物组成及含量

图 10-5 所示为矿样 XRD 分析结果，表 10-9 和表 10-10 所列为矿物组成及矿物含量分析结果。矿石矿物组成种类较多，主要为萤石（CaF_2）、重晶石（$BaSO_4$）、硬锰矿（$BaMn^{2+}Mn_9^{4+}O_{20} \cdot 3H_2O$）、稀土矿物；少量碳酸盐、硅酸盐矿物、铁矿物等；稀土矿物主要为氟碳铈矿（$CeCO_3F$），有少量独居石（$REPO_4$）。

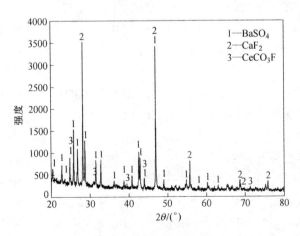

图 10-5　矿样的 X 射线衍射矿物相分析

重晶石、萤石及硬锰矿的含量较高，三者总量占矿物组成的77.99%，均可作为有用矿物综合回收。

表 10-9　矿石矿物组成

矿物分类		矿　　物
有用矿物	硅酸盐矿物	氟碳铈镧矿，独居石，萤石，重晶石，硬锰矿，钠长石，正长石，萤石，伊利石，黏土矿物
	碳酸盐矿物	方解石，白云石
脉石矿物	铁矿物	褐铁矿
	其他	烧绿石，石英，金红石，钙钛矿，钛铁矿

表 10-10　矿物含量分析结果　　　　　　　　（%）

矿物	氟碳铈镧矿	独居石	萤石	重晶石	硬锰矿	钠长石	正长石	云母
含量	4.92	0.46	33.15	29.11	15.73	0.24	3.04	1.98
矿物	伊利石	灰质白云岩	白云石	褐铁矿	烧绿石	石英	黏土	其他
含量	0.58	3.01	0.04	4.75	0.05	0.76	0.21	1.97

10.2.2　矿物构造及嵌布特征

采用矿石标本观察、体视显微镜、偏反光显微镜与扫描电镜测试手段，对矿物结构、构造进行分析。

10.2.2.1　稀土矿物

通过场发射电镜和能谱微区分析得知，矿石为微粒、细粒浸染状、多孔状构造，矿物结晶粒度普遍较细，且稀土矿物粒度最细，集中分布在 $2 \sim 5 \mu m$，集合体粒度 $10 \sim 20 \mu m$。矿样中的稀土以独立矿物形式存在，包括氟碳铈矿、氟碳钙铈矿和独居石。此外，少量以胶态氧化铈存在。

A　矿物嵌布粒度

氟碳铈矿、独居石嵌布粒度分布曲线如图 10-6 所示。氟碳铈矿嵌布粒度在 $1 \sim 12 \mu m$，集中分布在 $2.79 \sim 5.57 \mu m$，集合体在 $10 \mu m$ 左右。独居石粒度更小，在 $1 \sim 8 \mu m$，集中分布在 $2.79 \sim 4.69 \mu m$ 左右。

B　矿物嵌布特征

表 10-11 和表 10-12 所列为氟碳铈矿、独居石的能谱分析结果。氟碳铈矿多呈微细针状、放射状、织状集合体充填于萤石、重晶石颗粒之间，或呈包裹体充填于萤石、重晶石、硬锰矿或岩石显微裂隙中，氟碳铈矿与独居石紧密共生，更为细小的独居石多分布于氟碳铈矿中，部分与褐铁矿连生（见图 10-7）。

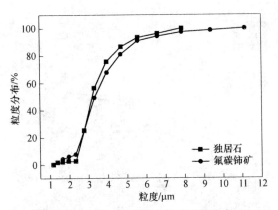

图 10-6　稀土矿物嵌布粒度分布曲线

表 10-11　氟碳铈矿能谱分析结果　　　　（%）

元素	C	O	F	Ca	La	Ce	Nd
含量	23.77	15.96	5.93	5.86	9.51	23.50	11.95

表 10-12　独居石能谱分析结果　　　　（%）

元素	O	P	La	Ce	Pr	Nd
含量	24.27	12.68	5.07	22.95	4.47	11.96

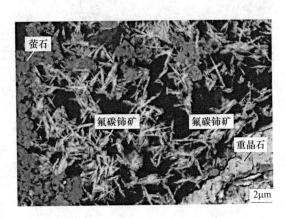

图 10-7　氟碳铈矿分布于萤石与重晶石颗粒间或孔隙中（背散射）

10.2.2.2　萤石

萤石为组成矿石的主要矿物之一，为细粒半自形至他形粒状结构，粒度 2~200μm，集中分布在 30~50μm，多数呈团块状、条带状集合体，20~30μm，主要呈团块状集合体浸染于矿石中（见图 10-8 和图 10-9）。重晶石能谱分析结果见表 10-13。

图 10-8　萤石、重晶石与硬锰矿紧密共生（单偏光镜×25）

图 10-9　充填于重晶石间的氟碳铈矿微晶集合体（背散射）

表 10-13　重晶石能谱分析结果　（%）

元素	O	S	Ba
含量	9.40	15.90	73.69

10.2.2.3　硬锰矿

硬锰矿为组成矿石的主要矿物，微细粒半自形至他形粒状结构，粒度分布不均匀，大部分呈浸染状（见图 10-10~图 10-13）。硬锰矿能谱分析结果见表 10-14。

表 10-14　硬锰矿能谱分析结果　（%）

元素	O	Mn	Ba	Ca
含量	19.69	61.28	13.14	2.21

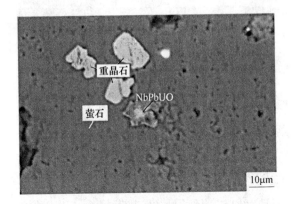

图 10-10   粒状重晶石包裹于萤石中（背散射）

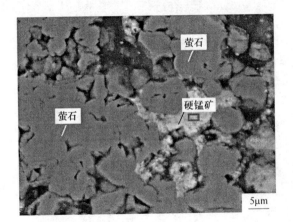

图 10-11   硬锰矿充填于萤石颗粒之间（背散射）

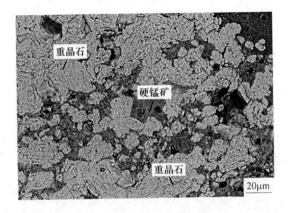

图 10-12   硬锰矿充填于重晶石颗粒之间（背散射）

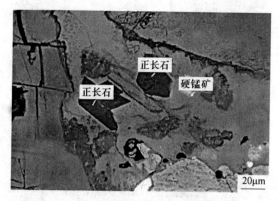

图 10-13　分布于硬锰矿中的正长石（背散射）

复习思考题

10-1　简述加拿大稀土矿石中稀土矿物的赋存状态、嵌布粒度、嵌布关系及粒度分布。

10-2　稀土矿的解离度与回收率之间有什么关系？

10-3　怎样使用电感耦合等离子发射光谱法分析稀土元素配分？

10-4　简述土耳其稀土矿极难选的原因。

参 考 文 献

[1] 张莉莉，梁冬云，李波，等．某海滨砂矿重选毛砂工艺矿物学研究 [J]．材料研究与应用，2014，8（4）：277~281.

[2] 陈杏婕，倪文，范敦城，等．白云鄂博铁矿石工艺矿物学研究 [J]．金属矿山，2015（5）：109~113.

[3] 洪秋阳，李波，梁冬云．氟碳铈矿型稀土矿石工艺矿物学研究 [J]．稀土，2015，36（4）：148~151.

[4] 李波，梁冬云，张莉莉．富磷灰石复杂稀土矿石工艺矿物学研究 [J]．中国稀土学报，2012，30（6）：761~765.

[5] 张杰，陈飞，张覃，等．贵州织金含稀土中低品位磷块岩工艺矿物学特征 [J]．稀土，2010，31（2）：70~74.

[6] 张杰，倪元，王建蕊．贵州织金含稀土磷块岩中胶磷矿工艺矿物学特征 [J]．矿物学报，2010，30（S1）：75~76.

[7] 李红立，廖璐，尹江生，等．内蒙古某稀有稀土矿工艺矿物学研究 [J]．内蒙古科技与经济，2016（3）：76~78.

[8] 刘洋．湖南某地独居石型稀土矿工艺矿物学研究 [J]．矿产保护与利用，2016（2）：39~42.

[9] 王成行，胡真，邱显扬，等．强磁选预富集氟碳铈型稀土矿的可行性 [J]．稀土，2016，37（3）：56~62.

[10] 陆薇宇，温静娴．四川某稀土矿工艺矿物学研究 [J]．矿业工程，2016，14（3）：6~9.

[11] 朱志敏，罗丽萍，曾令熙．四川德昌大陆槽稀土矿工艺矿物学 [J]．矿产综合利用，2016（5）：76~79.

[12] 鲁力，廖经慧，刘爽，等．湖北某稀土矿石工艺矿物学研究 [J]．稀土，2016，37（6）：1~8.

[13] 钟诚斌，徐志高，张臻悦，等．加拿大某地区稀土矿的工艺矿物学研究 [J]．稀土，2017，38（2）：11~18.

[14] 王成行，胡真，邱显扬，等．磁选-重选-浮选组合新工艺分选氟碳铈矿型稀土矿的试验研究 [J]．稀有金属，2017，41（10）：1151~1158.

[15] 郑强，边雪，吴文远．白云鄂博稀土尾矿的工艺矿物学研究 [J]．东北大学学报（自然科学版），2017，38（8）：1107~1111.

[16] 徐世权，曾海鹏，张宏．竹山庙垭稀土矿的选冶联合工艺技术 [J]．中国矿山工程，2017，46（5）：8~13.

[17] 曹佳宏．白云鄂博铁矿主东矿体中贫氧化矿选矿工艺矿物学研究 [J]．矿冶工程，1992（1）：40~44.

[18] 罗家珂．风化壳淋积型稀土矿提取技术的进展 [J]．国外金属矿选矿，1993（12）：19~28.

[19] 李明晓，王刚．云南某稀土矿石工艺矿物学研究 [J]．金属矿山，2017（11）：

108~111.

[20] 李娜，马莹，王其伟，等.Eskisşehir-Beylikova 稀土矿的工艺矿物学研究稀土矿的工艺矿物学研究 [J]. 稀土，2018（5）：1~6.

[21] 刘庆生，李江霖，常晴，等. 离子型稀土矿浸出前后工艺矿物学研究 [J]. 稀有金属：1~13.

[22] 汪自文. 工艺矿物学在包头稀土矿选矿试验中的应用 [J]. 有色矿冶，1995（1）：19~22.

[23] 曹萱龄. 物理学 [M]. 北京：人民教育出版社，1980.

[24] 李树棠. 晶体 X 射线衍射学基础 [M]. 北京：冶金工业出版社，1990.

[25] 陈世朴，王永瑞. 金属电子显微分析 [M]. 北京：机械工业出版社，1992.

[26] 杨南如. 无机非金属材料测试方法 [M]. 武汉：武汉工业大学出版社，1993.

[27] 武汉工业大学，东南大学，同济大学，等. 物相分析 [M]. 武汉：武汉工业大学出版社，1994.

[28] 周志超. 无机材料显微结构分析 [M]. 杭州：浙江大学出版社，1993.

[29] 邵国有. 硅酸盐岩相学 [M]. 武汉：武汉工业大学出版社，1997.

[30] 杨淑珍，周和平. 无机非金属材料测试实验 [M]. 武汉：武汉工业大学出版社，1991.

[31] 《选矿手册》编辑委员会. 选矿手册（第一卷）[M]. 北京：冶金工业出版社，1991.

[32] 许德清. 华南钨矿工艺矿物学 [M]. 北京：冶金工业出版社，1997.

[33] 潘兆橹. 结晶学与矿物学 [M]. 北京：地质出版社，1982.

[34] 周乐光. 工艺矿物学 [M]. 北京：冶金工业出版社，2007.

[35] 王典芬. X 射线光电子能谱在非金属研究中的应用 [M]. 武汉：武汉工业大学出版社，1994.

[36] 张培善. 中国稀土矿物学 [M]. 北京：科学出版社，1998.